STARK IN STÜRMISCHEN ZEITEN

Die Kunst, sich selbst und andere zu führen

黑色職場蛻變成夢幻企業，席捲德國企管界的無聲革命

古倫博士
Dr. Anselm Grün

博多・楊森
Bodo Janssen

著

鄭玉英 譯

目錄 Contents

PART 1 ─ 修道院的僕人領導者

PART
2 不尋常的企業改造之路

【給台灣讀者的話】

僕人領導，就是喚醒生命

古倫博士

十一年前，博多．楊森滿懷痛苦地發現，他那種只注重數字的領導模式失敗了！他在這樣的情況下，前來參加我們修道院舉辦的領導課程。接著，他開始在擁有六百五十名員工的旅館集團裡啓動了一場轉變旅程。我很開心地看到，他在企業中推動的轉變最近形成一股運動，也影響了許多其他企業。許多企業領導者感受到，他們不可以只看重數字，而必須著眼於人身上。如果只注重數字，員工就會被利用來當成獲取最大盈利的工具。可是，如果我們開始重視人，喚起員工心中對工作的興致，喚醒隱藏在他們身上的各種潛能和能力，那麼，領導者就是以僕人的角色在服務人，這就是源自於聖本篤修會的**僕人領導**。

希臘文中的「diakonien」就是僕人之意，但這個詞也有兩個意思，一是指在前線傳遞消息的通訊兵，負責快速、正確、保密地傳達軍情；另一個是指餐桌服務的服務生。前者所描繪的僕人領導者特質就是一個坦蕩、負責、勇敢且謙卑的領導者，所以他願意讓資訊透明，並分享資源給部屬。後者所提到的服務生，就是站在餐桌旁為客人服務的人，他的工作其實就是服務生命，只有優秀的餐桌服務生才能給予用餐者一種享受的感覺，因為他認真服務用餐者，所以用餐者才能愉悅地享用餐點，並從餐點中獲得活力。在此，我們看到一個領導者最重要的任務就是喚醒被領導者的生命，從他們的軀殼中誘導出眞正的生命，提供他們資訊與資源，並得以在工作中發展潛力。聖本篤把領導當成一種服務工作，這是源於耶穌在「最後的晚餐」時所說的話。《路加福音》第二十二章第二十五節記載，當時門徒們正在爭論誰最偉大，耶穌回答說：「世上的君王有管轄人民的權力，而統治者被尊稱為救星；但是你們不應該這樣。你們當中最大的，反而應該像年幼的；作領袖的，應該像僕人。」從這段文字可以清楚了解耶穌對領導者的要求，也可看到耶穌如何澄清一般人對於領導者的誤解。而這樣的僕人領導，最後也會為企業帶來益處。

因此，台灣的各位讀者，我希望各位也能從楊森先生對其企業進行的轉變歷程中獲得啓發，以便在自己的企業內建立一種領導、共處，與共事的新文化。願在德國衆多企業已經開始的這個改變想法歷程，也能在台灣結出果實，爲所有在職場奮鬥的朋友帶來祝福，也爲所有處於全球競爭中的企業帶來祝福。

【給台灣讀者的話】

僕人領導，讓我的公司更好

博多・楊森

當我二〇一〇年前往位於烏茲堡市的明斯特史瓦札赫聖本篤修道院時，我還不知道這次修道院之行會帶來如此深遠的影響。當時，我被一份員工問卷徹底擊垮，在萬念俱灰之際，參加了一門由德國知名的本篤會修士古倫博士所帶領的領導課程：「僕人領導與喚醒生命」，以尋找更好的領導方式。結果，我在那裡所體驗到的內容，完全顛覆了我到目前爲止對領導所知的一切。在幾年來持續跟著古倫博士修課的期間內，我得以認識到，在歐美企管界所謂的「新職場」（New Work）運動，實際上是根深於一千五百年前，歐洲基督宗教的古老靈性培育傳統。

如今，正值強調責任感、人際關係、團體、健康、心靈成長和生命意義的二十一世紀，所以我們也希望讓每天在職場上的工作，成爲引導每個人身心靈發展與社會參與的指南。在可見的未來，工作不再只爲了賺錢，更是爲了尋求有關於人的存在、生命的價值，以及成功的人際關係等重要問題的答案。

於是，從那時候起，我便嘗試將本篤修會的生活與工作規章作爲我個人，也作爲我們旅館集團的行事與文化準則。它所引發的影響之深，甚至因此被德國《哈佛商業經理人》雜誌（*Harvard Business manager*，《哈佛商業評論》的德文版）描述爲「德國管理史上令人耳目一新的轉變」。

各位親愛的讀者，我不是想藉著這本書說教，或改變你的信仰，我只是希望每一個讀這本書的人，都能夠在閱讀中爲自己的生命或職涯獲得一點轉變的動機，無論那是一種啓發、一種想法，或一個問題。而這會激盪出什麼火花，並不在我的掌控之中。但有時候，就是一瞬間的靈光閃動，也能成爲啓動變革的關鍵按鈕。

【代序】

一個年輕企業家的無聲革命

羅伯特．諾依穆勒（Robert Neumüller）

博多．楊森是「自由盟約」（Upstalsboom）[1]連鎖旅館集團的負責人，而這家連鎖旅館是德國北海岸和波羅的海沿岸旅館界的龍頭。我在二〇一六年已經拍了兩部關於他的短片：《學習熱愛生命》（*Das Leben lieben lernen*）以及《沉到海底》（*Am Grunde des Ozeans*）。

1：該詞來自荷蘭與德國北海地區方言「菲士蘭」語，直譯是：站在樹下。這是源自當地傳說，關於第九世紀菲士蘭區爭取自由的行動，當時查理大帝在羅馬賜給跟隨他打勝戰的菲士蘭部下特許的自由，因此菲士蘭區的酋長們在樹下立下盟約，要一起捍衛得來不易的自由。因此中文在此採意譯為：自由盟約。

他曾面臨兩次人生危機，不只對他造成重大影響，也改變了他。博多說：「生命中有兩度讓我覺得自己就像沉到深深的海底。第一次是綁架事件，我面對死亡威脅並覺得自己快要被撕票的時候；另一次則是二〇一〇年，我的員工們表示他們寧可換老闆，也不要博多．楊森的時候。」

這家旅館集團由維爾納．楊森（Werner Janssen）和葛麗特．楊森（Grete Janssen）夫妻所創立。這對夫妻本來從事營建業，一九七四年在德國北部東菲士蘭外的朗格奧格島上開始經營第一家旅館，之後發展成連鎖企業。

在故鄉的埃姆登中學畢業後，博多到漢堡就讀大學企管系，好讓他以後能接手家族企業。剛開始他在酒吧當酒保打工，而且很快發現自己在漢堡的夜生活圈裡很受歡迎。他曾幫酒吧拍的廣告宣傳照片讓他有機會參加一個模特兒比賽，也順利被選為一九九五年的「夏日漢堡先生」，於是他開始一段擔任國際模特兒的職涯。他在各個熱鬧的國際大都會拍照，參加各種派對（就像他所說的，有時連續四十八小時不眠不休），也接觸到毒品，於是認識了大他十歲的弗爾克。弗爾克因為毒品交易而入獄時，博多還去探訪他。

一場轟動全德的富二代綁架案

弗爾克出獄後，在某個星期六晚上他們想一起去狂歡。當時博多已經搬到某個高級住宅區，並將原來的公寓租給弗爾克的一位朋友，但這位房客卻常拖欠房租。這天晚上他和弗爾克要去收房租，但他們不是去博多出租的房子，而是去位於哈樂街的格林德爾大廈區[2]找那位房客。弗爾克開了門，他們一進去馬上就被幾個蒙面人制服住。但後來他才知道，弗爾克只是假裝被抓住而已。

格拉姆奇納是這群綁匪的首領，向博多的父親自稱「胡狼」，並要求一千萬德國馬克[3]贖金。

博多被關了八天，二十四小時被兩個蒙面人監視著。他們還叫他想一下，該切下哪根指頭送給父親。「胡狼」還把槍指著博多的額頭對他說，他必須爲自己所做的錯事受

2：二戰後建於漢堡猶太人區格林德爾（Grindel）的十二座紀念大廈。
3：當時的德國錢幣單位，一馬克約相當於〇．五歐元。

罰。他們一直威脅要殺死他，還給他餵安眠藥，對他說他們會把他放到浴缸裡，讓他血流盡後死去，然後再把他分屍。但在被綁架的這段期間，他一點都沒有想過要從此結束生命。

同一時間，他的父親已經報警並想辦法籌錢。政府單位告訴他的父親，政府不能貸款給他，以免立下不好的榜樣。最後，他的父親終於籌出三百萬馬克現款。原本交贖金的地點是在巴爾幹半島上的斯普利特，歹徒要求他父親開自己的私人飛機過去。但警方認爲這不利於抓捕歹徒，因此要求北大西洋公約組織對該城發布禁飛令，將其列爲禁飛區。於是新的交贖金地點換到奧地利南部克恩頓邦法克湖旁的彼得餐廳。

幾個小時後，被關在房間的博多聽到歹徒說贖金已順利到手。結果歹徒並沒有如他所想的放他走，反而逼他吞下安眠藥，還說剩下的事他們會在浴室裡處理。就在這一刻，警方機動特遣部隊衝進來，因爲他們之前在邊境抓到負責拿贖金的共犯，並從共犯的手機通訊追蹤到人質被關的地方。但這起綁架案的首領「胡狼」在一年後的某次交通臨檢時，才偶然被捕。

在獲救之後，博多必須先接受審訊才能見到父母。他在許多年後才明白，父親在這段時間裡有多擔心他，以及父親爲他所做的一切。

在訪問中，博多顯然情緒激動，硬咽地說：「在綁架事件結束，我被放出來後，我們就回家了。警方用車子送我們到機場，隨後我便上了私人飛機。當我坐下來且機艙門關上的那一刻，我心想，父親終於要帶我回家了。」

如果老闆就是公司最大問題

在綁架事件中存活的博多開始接受創傷治療，私人電視台整天圍著這位曾經被綁的富二代。生活似乎又回到以前。他的父親建議他到家族企業學習經營，但他卻不感興趣，反而自己經營一家健身俱樂部，最後還被大學退學。

二〇〇一年，他父母的企業面臨破產，於是他們退出營建業，只專心經營旅館。最後博多終於進了公司，參與父母經營的旅館業。衝突是在所難免的，且股東們也各自持有許多意見，而且爲了得到原本承諾的分紅，必要的投資都被省下來了。

於是博多開始向外尋求協助，也開始對企業領導有了興趣。他接觸了赫曼全腦優勢測驗（Hermann Brain Dominance Instrument，HBDI），亦結識了柯尼希（Franz-Josef König）這位爲青年旅館發展出一套管理系統的知名企業顧問，因爲博多也可以將這套管理系統應用在自家連鎖旅館上。但柯尼希告訴他，僅僅有管理系統是不夠的，只有企業的經營內容和員工才能賦予這個管理系統生命。「輸入（input）好，輸出（output）才會好。」

二〇〇四年博多認識了他的妻子克勞蒂亞，他們於二〇〇六年結婚，同年四個孩子中的老大出生了。

博多這時仍同時繼續經營自己開設的健身俱樂部。他心裡明白，如果他要對父母的企業有更大參與，就必須發起一場「無聲的革命」，尤其得擺脫掉其他股東。但在目前的狀況下，這仍然是父親的事業，他毫無插手機會。

二〇〇七年五月十二日，博多的父親在談完生意後從烏瑟多姆島開著自家飛機回埃姆登。當天博多因爲有其他事而沒有跟父親同行。他在家裡等著父親回來吃晚餐時，還聽到飛機飛過上空的聲音。但父親在這一刻其實已失去意識，機艙裡已充滿一氧化碳，而飛機按照原本輸入的目標以自動飛行模式繼續飛——越過埃姆登，進入荷蘭上空。兩艘戰鬥機起飛，嘗試和他父親取得連繫，但都沒有成功。整個過程甚至都被錄影下來。飛機直至飛到沒油，才在瓦登海緩緩著陸。在幾乎毫無損壞的飛機中，警方發現了博多父親的屍體。

於是博多接管公司。憑著中斷的企管學業、參加過的一些管理課程，以及一大部分的自我意識，他成了家族企業的掌舵者。他覺得自己像一個「站在橋上指揮一艘船的船長」。從他自己的角度看來一切都進展得很順利，除了這一點之外：員工流動率非常高。員工請病假率也直線上升，作爲一個旗下有四百名員工的企業主，自由盟約公司的名聲其實並不好。

博多請了一位專家，花了半年時間在旅館到處訪談員工，結果帶回一個很糟糕的結論。員工對公司的看法，跟他所想的完全不一樣。讓他特別驚訝的是員工一致的基調，他們都非常害怕，害怕因爲表達自己的意見而得罪主管，也不敢表達自己的批評。博多決定做一次匿名的員工意見調查。

兩個月後結果出爐了。在進行意見調查之前，博多心想員工滿意度至少應該有八十分才對，但結果卻只落在六十至五十分之間。更慘的是那些手寫意見，如：

我們沒有被領導。我的直屬上司完全沒有人性。我們到底要走向哪裡？

針對「你需要什麼樣的支持，才能使工作品質更好？」這個問題，員工的回答是：

我們需要別的老闆，不要博多．楊森。

博多不知道該怎麼辦，他的顧問建議把這些結果呈現給工作團隊。大家必須秉持開放態度，面對問題加以討論。一家又一家的旅館與度假公寓都面臨過這些問題，所以公司經營者應該和管理階層一起找出解決方案，並公開呈現給所有員工。但在這麼做的時候，管理階層卻常推托責任，搞得亂七八糟。大家的討論常常過於尖銳，無法實事求是。

博多引進的管理系統不但沒能幫助員工的工作，反而加重他們的負擔。所有在基層工作的員工都覺得自己沒有得到很好的領導。如果有業績分紅，錢都進到主管口袋裡。由於公司的政策不透明，大部分員工就只是照章行事交差罷了。儘管有立即和金錢上的獎勵，問題仍然沒有解決。於是博多知道，問題在於領導風格，在他自己身上。

領導是一種服務，不是特權

領導（führung）和管理（management）這兩個詞似乎不太一樣。「manage」源自「manege」——這是馬戲團的用語，意思是訓練動物，即牽著一匹馬走，一邊給糖一邊抽鞭。博多一開始決定用給糖的策略。但不能給完糖就這樣放著馬戲團轉身離開，公司是需要被領導的。所以他必須變成一個領導者，但要怎麼樣才能變成一個領導者？

博多從一位女士編那裡接觸到知名企業顧問與心理學家阿斯蘭德（Friedrich Assländer）博士，和古倫博士——一位攻讀企業管理的本篤會修士所合著的《靈性的領導》（*Spirituell führen*）這本書的有聲書。這兩位作者也開了一門與書同名的課程給企業界的管理階層。於是博多決定去修道院裡住個幾天，參加這個課程。他原本以爲會在課程中學到一些方法、策略，和得到一些好的建議，好讓他能繼續實施目前的做法——只不過更有成效，但結果卻完全不是這樣。在這個課程裡，他所學的卻是如何面對自己，尤其在小組練習和默想中。由於他無法忍受寂靜，所以也很難自我開放去面對別人，特別是面對那些不像他一樣要帶領一家大企業的人，這對他而言是更大的難題。

而課程中所提出最重要的問題是：「對你而言，領導是什麼？」博多在著作《無聲的革命》（*Die stille Revolution*）中寫到：「我第一次仔細深入思考**領導**這個詞。這時，我才意識到有許多重要的領導價值，比如：模範、責任、信任、正義、清晰、決定、方向、可靠、謹慎和透明等。」

這個課程裡有兩句話，讓博多印象特別深刻：「**能夠領導自己的人，才能領導別人**」以及「**領導是一種服務，不是特權**」。尤其第一句話讓他覺得特別困難。他這時才發覺，自己並沒有領導自己。他到底要往哪裡去？個人的人生旅程到底該走向哪裡？此外，關於才能，即幫助別人能抵達他們自己想去的目標的能力，這個問題也一直沒有答案。

在與古倫博士進行第一次個人對談時，內容也不只關於領導，還關於節制和紀律的生活。在某些生活階段，秩序和紀律可以幫助我們克服內心的怠惰，即內心那個「卑鄙貪婪的傢伙」。「紀律是讓人能夠經常感受到快樂幸福的唯一之道。」這簡直挑動博多的一條敏感神經。在今天充斥諸多可能性的情況下，失去方向、沒有做決定的憑據和依靠，是一種很大的危險。有幾百道打開的門，但你只能走進其中一道。

身爲一個必須動個不停的人，博多也無法靜下來默想。但默想的要求很明確：「如果沒辦法在自我內心找到平靜，光是指望別處是沒有用的。」三天後博多離開修道院時，內心翻騰卻滿懷信心。雖然問題還沒解決，不，還遠得很，但他現在找到自己必須走的方向。

住在修道院裡的體驗只是第一步而已。隨著時間往前推移，他漸漸意識到，最重要的是**以眞誠的態度去領導**。博多說：「這只有當我認識自己、認識自己內心的態度之後，才有可能實現。只有當我知道對我而言什麼是重要的，知道自己想要什麼，知道什麼對我而言很簡單，什麼帶給我喜樂，這才有可能達成。眞誠或眞實的前提是：我不是出於害怕而去努力扮演某個角色，去討好別人——而是我知道自己是誰。」突然間，他發現自己到目前爲止的表面生活其實非常渺小且無關緊要。他過去一直被個人的錯覺牽著鼻子走，他必須結束這種情形。

同事們，一起到修道院去吧！

在參加完第一次修道院裡的課程四周後，他又回到修道院去。之後又一再回去。

博多感到很快樂，在多次住進修道院和參加許多課程後，他學到很多關於自己和生命的事，放下許多阻礙他的重擔。他認識到自己所體驗過的、自己招惹來的，和自己犯下的種種錯誤，並能夠擺脫掉這些東西。因此，他想要和別人分享這些體驗，想讓所有人都能獲得這種認識。「同事們，一起到修道院去吧！」當然很多人嗤之以鼻。但同時他們也看到博多身上有很明顯的正面變化。於是，管理階層帶著存疑態度跟著他到修道院去，結果他們很快地也像博多一樣，因爲獲得內心的自由而感到振奮。當然也有另一些人則是搖頭，離開公司。

就像許多其他企業一樣，自由盟約公司也有自己的企業典範形象。這是在博多進公司之前就有的標誌，由一家廣告公司所設計，昭示「人是最重要的」主張。在一隻張開的手下面，還有一句補充說明：「在食人族裡也是這樣。」

現在，他們的工作小組要設計出一個新的典範形象。員工們提出各種對他們個人而言最重要的價值。而且是以作爲一個人，而不是作爲員工的身分來提出這些價值。一段時間後，他們共同擬定屬於自由盟約公司的「價值樹」，上面掛著最常提到的一些價值，如：尊重、公平、可靠、開放、忠誠、模範、謹慎、信任、負責、熱忱、熱愛生命、品質。

如今，這些都不是什麼新鮮事了，但在對待同事和客人時意識到自己的這些目標價值，卻使員工們產生決定性的變化，而且這也幫助他們發展個人的潛力。透過這些措施，整個企業徹底改變——從博多自己，到整理客房的房務員。隨著彼此相待的態度改變，業績也跟著提升。這讓員工覺得自己必須做更多的事，而不只是把工作當成交差了事而已。

每個月員工有一天假（有薪）得以參與社會工作，於是就出現一項在盧安達建造學校的計畫。到目前爲止已經建了四間學校，第五間正在進行中。每一位獲得機會去非洲參加學校啓用典體的員工都非常感動，爲自己在盧安達所投入的努力所帶來的喜樂而激動不已。

在二〇一五年，博多帶著一群實習生攀登位於坦尚尼亞東北方的非洲最高峰吉力馬札羅山，二〇一八年又橫跨位於挪威最北界北極區內的冷岸群島。這兩趟征途對體力和心理而言都是極大挑戰。所有人一起克服種種挑戰的經驗，使得大家回來之後都像變了一個人。他們一起體驗的面對自我極限的經驗，對每個人而言都像「發現新大陸」，也讓整個團隊凝聚在一起。博多說：「當我看到這些事在他們身上發揮的作用，當生命又回到他們的雙眼中，當我看到閃爍在他們眼中的高昂興致、好奇、開放心態與愛，當他們又開始相信自己的那一刻，當他們又再度抬頭挺胸的這一刻，對我而言就是最豐厚的報酬。」

而對實習生而言，那些能完成這些傑出表現的人，就會開始不害怕旅館業裡的任何新挑戰。攀登吉力馬札羅山的一位組員安娜，現在已經成爲公司的一位主管。

成功克服這些挑戰，使年輕人大大增加對自我的信心，這也使他們體認到自身所潛藏的能力，看到自己如何跨越給自我所設的狹隘限制，看到自己能發展出什麼樣的潛能，這一切實在令人難以置信。

這些做法更讓整個企業在營運上獲得顯著成長。博多爲自己定下的原則是：「獲利是我們行動之基礎，但不是我們行動的意義。」

公司營運不斷成長，如今已經有九百名員工。自由盟約被選爲德國最佳的員工友善企業，並被《柯夢波丹》雜誌列爲女性員工的最佳職場。各種人才相繼湧現，如許多人來住旅館只爲了能在吧檯前跟狄特．荷姆斯（Dieter Hommers）這位調酒師說話。在公司某些部門裡，員工可自己決定自己的薪水，且這都是開放讓大家知道的。而博多的薪水只是這些人的四分之一左右。

這幾年來，博多準備將家族企業轉變成一個公益性的基金會。此基金會的唯一目標，在於保障員工的社會福利。基金會的利潤用於建造學校、醫療設施，以及退休員工的老人住宅等費用。

「我們的目的在於重新定義何謂成功。商業獲利，是企業用以達成支持個人成長此一目標的手段而已！」博多說。

（本文作者為奧地利知名導演、攝影師、編劇。）

【前言】領導自己和他人的藝術

乍看之下，我們是一對不尋常的作者組合：一位是神父，另一位是企業家。正常情況下這兩人之間不會有什麼交集，但我們就是那個例外。當一位企業家陷入危機並尋求解決方法，又不想遵循舊模式，更不願意採用一般經理人在各種領導課程中所獲得的典型建議時，這個「例外」便發生了。

二〇一〇年，我因爲想尋求克服危機的方法而走進一家修道院。我因父親早死而接手經營「自由盟約連鎖旅館」這個家族企業，成爲該企業第二代領導人。在嘗試領導整個企業走出經營危機時，我用盡商業領域內各種最新知識、策略、方法和工具，卻跌得鼻青臉腫。對員工而言，這些東西都太技術理性，缺少人性。也就是說，我必須讓經營變得更人性化才行，也包括以更人性化的方式對待我自己。二〇一〇年，我做了一次內部員工意見調查，結果員工們明白表示他們對我極度不滿，甚至想要換老闆。所以，我必須克服這個艱難情況，而導致這個危機的其中一個因素，是我身為企業家的自我中心。

到修道院取經

於是，我走進位於烏茲堡市的聖本篤修道院，並在那裡遇到古倫博士。我之前就已經讀過神父許多作品，也多次聽過關於神父的事。古倫博士是一位理家神父[4]，負責經營這所修道院。但他不僅負責經營管理這所修道院的經濟事務，包括十多家中小型公司行號與四百位員工，還幫助許多人走出生命危機，帶領他們尋求各種解決方法和找到成功人生的答案。於是，古倫博士和他的課程也引領了我，並成為我的重要啓發者。他將聖經裡的故事、圖像和比喻以淺顯易懂方式詮釋成符合現代的內容，他所提出的許多問題以及帶領的各種練習，就像將一把鑰匙遞給我一樣，而我只要接過來就可以了。這把鑰匙打開一扇門，領著我走上一條找到自己的路。而當時為我開啓的這條路，過了七年後在德國商業界和學術界成了著名的「自由盟約之路」。

我在《無聲的革命》這本書裡寫過這個危機、我所走過的路與所獲得的回饋，以及自由盟約在旅館業這些年來的發展。我們的經驗在在顯示，許多人心中都強烈渴望擁有自由，可以去實現自己認爲眞正重要的事，但他們卻卡在無法將自己的想法實現到生活、工作或領導任務這些過程裡。我一再聽到有人問我：「你成功做到的事，可以一體適用嗎？因爲我也想試一試。可是如果我身邊所有的人，特別是我的老闆，不理解這一點並且還阻撓我的話，我該怎麼做？」

無論以前或現在，顯然有許多人都因爲自由盟約所走的路而受到感動及鼓勵。然而，他們不清楚該如何去面對這股渴望。許多人都清楚知道自己想要什麼，卻不清楚該怎麼做才能達到自己的目標。

事實上，「怎麼做」的確不是那麼簡單的事，就像我們這些「自由盟約人」

4：修道院中主要的行政主管。

（Upstalsboomer）所經歷過的一樣。愈來愈多同事和員工跟著我到修道院去，並在這裡開始走上這條路。在修道院裡，他們獲得能夠在「旅館」這個組織裡實際運用的寶貴建議。我們一起親眼見證，我們在修道院裡所聽到的一切，以及之後透過設計的課程而更深入吸收的種種內容，的確非常適合整個企業，以及在這個企業裡工作的人們。

結果眞的不負衆望！在自由盟約裡，我們所採取的做法逐漸帶來明顯效果。員工請病假率降低了；做沒多久就想跳槽的人也減少了；來應徵工作的人數增加到以前無法想像的程度。同時，員工的工作滿意度也迅速攀升。這明顯改善的氛圍也感染來到旅館的客人，因爲客人的滿意度也同樣攀升。更棒的結果是，企業各項營運數字也跟著變好。才短短三年內，營業額已雙倍成長，而且我們的知名度也在短期內暴增。

人們常用不可置信的眼光來看我們的做法，因爲我們的成功發展並不是按照知名的企管理論和知識達成的。我們所走的路反而是一條相當靈性的路，尤其是一條**以「人」的成功**爲目標的路。德國最大藥妝連鎖店迪姆藥妝（dm）創始人葛茲．維爾納（Götz Werner）曾說過：「你把人照顧好，業績自然而然就好了。」這句話勢必是他根據自身經驗得來的，但也確切描述了我自身愈來愈常體驗到的成果。

「以人爲本」的靈性領導

所謂「靈性」，在我心中有兩個具體意義。第一，「靈性」就是**我如何在日常生活中，活出我認爲身而爲人眞正重要的事**。其次，「靈性」也**更加強調人的心靈，並透過重視心靈發展而促使人們願意採取符合個人價値的行動**。

重視人們的心靈可激發熱情與鼓舞，進而促進參與。然而，我們在許多企業中所看到的卻剛好相反，因爲企業裡經常存在各種使人氣餒和焦慮的事，這會阻礙人們的行動力。因此，我認爲企業家們、股東們、董事們以及領導者們，需要徹底改變他們的想法。

商業界需要重新開始關注人及企業的目的，因爲這也涉及產品和獲利。有些公司之所以成功，是因爲他們有誠信的經商作風以及有前瞻性的願景。然而也有許多公司的成功，卻建立在損人利己的偏差價値上，尤其是損害其他人和環境的利益。一個明顯的跡象顯示，過去關於工作、目標設定和企業領導的舊規則，在不久的將來就會顯得落伍，這也反映在愈來愈多企業經營不善這個事實上。領導者們不知所措，他們常常不知如何面對那些突如其來的渴望、需求和要求。

正因爲領導任務與「人」息息相關，現代員工不僅個別差異極大，而且每個人都想在工作中融入個人特質與生命實踐，因此領導是一項非常具挑戰性的「服務工作」。由於這個原因，對領導者而言，想要藉外在規範來操控個別員工，就變得愈來愈困難。許多人根本不想受這些規範管束，不想做一個規範之內的正常人，他們想將更多的自我，即過去所壓抑的個人特質融入工作中。然而，許多主管卻認爲這是瘋狂而不符常規的事，於是他們所面臨的問題是：我該如何領導這些「不合常規」，但事實上卻是自然符合其本性的人？

爲了回答這個看起來也許很不尋常的問題，最重要的是我們必須找到一條通往自我內在的途徑。透過這條通往內在的路，我們就有機會擺脫常規，並連結一條延伸到企業經營的軌道。這正是本書所提供的機會：**我們從靈性角度出發，搭配哲學、心理學、神經生物學等領域，實際應用在企業經營管理實務，並已經成爲一套實際做法。**

無法預料的世界，需要無可比擬的堅強

因此我請求古倫博士將他的想法寫下來，而且專注於這個對個人和企業而言都非常實用的主題：**如何在狂風暴雨中保持堅強**。我們每天都體驗到，自己身邊的一切都是無法預料的。在每天的不安變動之中，傳統、延續性或永續性這些概念，常常超出我們可觸及的範圍。沒有人、也沒有任何公司能保護自己免受突然出現的風暴所侵襲。二〇二〇年初肆虐全世界的武漢肺炎，更證實這一點：我們所希望獲得的安全感、堅強，尤其是平靜和力量，既無法在未來、更無法在愈來愈複雜、瘋狂的世界中找到，只能在我們自己的內心尋得！

在這本書裡，我們想讓大家看到，企業以及職場上班族，都可以將聖本篤[5]所著超過一千五百年的古老規則《聖本篤會規》，和修道院裡所累積的生活與經營經驗有效地

5：天主教修道院制度的創立者。

結合在一起，並在自己的業界付諸實行。讀者們將會學到，我們這些自由盟約人如何吸取修道院的經驗，以及古倫博士的想法，並將之應用到企業裡，讓企業裡的員工形成自我意識，發展出正確的態度，加強人與人之間的連結，並讓每個人都願意承擔責任，好讓每個人都能在工作時獲得更大的喜樂和自由。我們也學到成功的人際關係很重要，讓人們願意彼此合作而非彼此對抗。這也包括使個人和團體都能找到工作意義，包括增進靈性化的領導能力，好讓個人能將其個人特質融入組織裡。而最重要的是，若沒有好的領導，就不可能有一個成功的團體。

PART 1

修道院的僕人領導者

古倫博士 Pater Dr. Anselm Grün

Stark in stürmischen Zeiten

01 只有與自己的心靈相遇，才能領導

我很高興看到博多．楊森受到我在明斯特史瓦扎赫修道院的課程啓發，繼而產生內心的轉變。在我的課裡，我的目標並不是向學員傳達什麼前衛的企管觀點，而是引領他們認識《聖本篤會規》中蘊藏的智慧。我認爲自己的職責在於，帶領人們與心中的智慧接觸。我相信在每個人內心深處，都知道什麼是對己眞正有益的。而在心靈深處，也知道領導到底該是什麼，以及爲了能夠成功領導別人，他需要些什麼。

因此，我想先介紹《聖本篤會規》中一些重要的領導原則。在課程中，學員們的互動常常會令我得到啓發，讓我用新的眼光去閱讀這些古老規則，並去理解。我並不認爲自己是什麼靈性管理大師，我跟所有領導者一樣，仍然繼續在路上追尋。而在這條人性

領導路上，我並不想說教，只想跟那些和我同樣走在這條路上的人們互相交流。

在我的課裡，我常發現許多企業領導者並沒有好好認識自己。他們只是學到一些領導工具，卻根本沒有和自己的心靈相遇。然而我們必須了解到人類生命的一個基本法則：我們會將自己沒有覺察到、或認識到的陰影投射到他人身上。我所沒有覺察到的自己，會使我看待他人時的眼光蒙上一層陰影。比如我非常討厭那些只一味滿足自我需求的人，可是當我審視內心時就會發現，這些人讓我看到的，是自己的眞實狀況。在我心中，同樣也渴望可以隨時滿足各種需求，只是我不敢像那個人一樣表現出來而已。

聖本篤認爲，我們必須誠實認識自己，這點很重要。如此一來，我也能更清楚敏銳地了解我的同事和員工，能更清楚地去看待他們。許多人認爲自己非常理智，無論是對同事和員工或對公司的問題，都抱著實事求是的看法。但其實，他們已經不知不覺地把自以爲已經去除的欲念和需求，摻雜到自己的觀點裡。比如，他們認爲自己向外展現的是一種非常平靜和穩健的形象，卻沒有發現，其實根本就戴著一副特定眼鏡在看別人。這副眼鏡決定了他們的行爲，這副眼鏡帶著他們已經內化的所有偏見，這副眼鏡其實就是他們的生命史。因此，無論我們做什麼或不做什麼，這副眼鏡都有很大的影響力。這也是爲什麼我們必須清楚認識自己的主要原因，只有這樣，我們的內心才能獲得眞正的平靜。而對於領導者而言，在暴風巨浪與不確定的危機中保持內心平靜，更是具有關鍵性意義。

平靜的心，才能領導

只有帶著一顆平靜的心，我們才能夠領導別人。急躁的人無法，也沒有能力領導別人。在德文裡，有一個字叫「hetzen」（急躁、疲於奔命），源自古德文和中古德文，原本意思是「痛恨」，另一個意思是指「讓一個人被痛恨、被逼迫，並因此對某人或某事產生敵視心態或情緒」。所以，痛恨自己的人、行事惡毒或貶低別人的人，就無法領導別人，更無法在別人身上喚醒使人能繼續在暴風雨中航行的能力。

當然，最重要的問題是，**我如何才能找到這份平靜**？我的答案是：**只有能允許自己接納自身的眞實面時，才能獲得平靜**。耶穌說：「眞理將使你們自由。」我認識許多這樣的人，他們雖然想擁有平靜，表面上看起來最渴望的就是平靜，但如果眞的沒事可做時，他們就會開始慌起來。恐懼在他們心中升起，所有原本被壓抑的負面情緒將會浮出，很可能也包括意識到自己的人生有所偏差的感覺，也就是察覺到「我錯過自己的生命」這種感覺。

因為如果我們不誠實面對「我錯過自己的生命」這種感覺，我們也會失去領導別人的能力。而只有允許自己內心浮現的所有感覺，且不去評價所浮現的一切，才能找到平靜。我們所有的感覺和面向都可以存在，但只有在能接納自己的眞實狀況時，才能眞正找到內心的平靜。對我而言，相信上主無條件接受我，是幫助我找到平靜的一種方法。因為我知道：無論我心中浮起什麼垃圾，我都完完全全被上主接納。

為了達到這種內心平靜的狀態，有個很好的練習是這樣的：**找一處安靜的地方坐下，並觀察心中浮現哪些想法、感覺和需求**。我體會著這些形形色色的感覺，但不做任何好壞評斷。然後我對自己說：「這全部都是我。」接著，我將內心所浮現的一切擺到上主（如果是非基督徒，可以想像是你所信仰的神或你自己）面前。我想像著，上主的愛（神的愛或你所接受的所有的愛）流進這些想法和情緒裡，並轉化它們。於是所有的恐慌感就會逐漸消失。我不再害怕可能會在心中浮現的一切，因為我知道，上主的光（愛的光）

能夠滲透並轉化心中的所有黑暗和混亂（這是一種情緒抽離方式，讓自己與負面情緒分隔，使自己的外在行為不易受到負面情緒干擾，讓自己以第三者角度來處理這個情緒，讓內心可以在混亂中先平靜下來）。

平靜還有另一個功能：**可以滌淨內心所有混濁成分，也就是使我們的思想變得混濁的各種偏見，使我們對別人看法產生偏差的憤怒、羨慕和嫉妒等負面情緒**。剛倒出的酒在享用之前也必須先靜放一段時間，所以領導者也需要一些平靜的時間，靜默的狀態，才能找到自己。

作為修道院這個生活團體的一員，當然比一位領導者更容易找到平靜，僅僅透過規律的祈禱，我就可以達到內心平靜。而一位常坐在飛機裡穿梭全球的主管，基本上就比較難做到這點。可是也不一定如此，因為這是自己可以決定的事。比如，我們可以決定讓自己沉浸在飛機上的娛樂節目中，或者決定**把時間留給自己，進入自我內心當中，觀察自我的情緒與感受**。換句話說：也可以在繁忙的日常生活當中，透過自己的抉擇來找到寧靜，或者刻意給自己一段暫停時間，在這段時間裡什麼事都不做。在修道院裡，我們稱爲「曠野日」，指的是去思考關於自己，藉此再度找到自己的一段時間。根據聖經記載，曠野是我們可以遇到上主的地方，先知們都在曠野中準備自己的使命，耶穌所做的也不外乎是如此。有時候，只要一天的曠野日就已經足夠。

但即使在日常生活中，我們也可像在修道院裡一樣，創造一些像這類固定習慣的生活儀式。生活儀式不是指宗教禮儀，而是一種固定的習慣或行動。生活儀式可以給予我一段神聖時間。神聖的意思是遠離世界，是世界無法影響我的地方。**神聖時間是一段屬於自己的時間**。關於這點，希臘人說：「神聖的事物有療癒功效。」所以一段神聖時間也是一段有療癒力的時間。當我每天騰出幾分鐘創造出這段神聖時間時，療癒便開始。這時候，我可以做某個動作，唸一段禱詞，也可以只是走進自己的內心，去感受內心並自問一些問題，比如我在這一刻要帶著什麼樣的感覺工作？或者：我帶著什麼樣的目的工作？我想推動些什麼？只是單純安靜地接觸到內心並保持靜默片刻，就已足夠，而不是像個馬達一樣立即啓動。重點不是去問自己：「我該做什麼？」，而是問自己：「**我能做什麼？**」這種小小的生活儀式可能只要花三、四分鐘，是每個人都可以進行的儀式。這不是有沒有時間的問題，而是願不願意去做的問題。

可是這種「願意」該如何產生？許多人都有這種感覺，他們很想脫離目前的處境，覺得自己被關在天竺鼠滾輪裡，想逃出置身其中的體制。他們知道，自己所做的事有些地方已經不對勁了。可是，我如何才能讓他人也加人我的行列？我如何鼓勵這些人進到「願意」的狀態裡？進到這種「願意爲自己騰出一些時間」的模式，而且還能夠實際採取行動？我可以讓他們看到些什麼，好讓他們動起來？當然，我只能當個舖路者和陪伴者，這條路得他們自己去走，這不管在修道院或在接受心理治療時都是類似的道理。也就是說，我如何才能使人們採取行動？比如開始實行這樣的生活儀式？一方面是「知」，另一方面則是「行」。我們知道很多，我們知道的事簡直多得不得了，可是我們將所知的事付諸行動的比例卻少之又少。所以，我們該如何學會採取行動？

爲自己設計一個生活儀式

要讓學員採取行動，我不能以神父或課程講師身分去給學員壓力，對他們說：「你應該如此這般……你必須如此這般……」。基本上，我只能這樣鼓勵他們：「你目前開始一天的方式，就是一頭栽進工作裡，但這對你有好處嗎？你對這種情況感到滿意嗎？有什麼可以幫助你？」透過這些問題，有些人就足以為自己找到一些方法，發展出一些儀式，而且也愈來愈認眞地去實踐。這些儀式幫助我以一種良好習慣開始我的一天，讓我能帶著很好的感覺進入工作中。身為一位領導者，我必須一再調整自己的內心以面對同事和員工。在和他們相處時，我心裡難免會出現一些不滿情緒，而如果我不注意這些情緒，就會一直累積，可能會變成苦澀怨毒。如果發生這樣的情況，員工的言行就會很容易激怒我，使我感到厭煩。因此，我必須一再滌淨自己的內心，好讓我能帶著平和的心境去面對同事和員工，去跟他們討論事情。而且這也對我有益，因為帶著惱怒情緒進到公司，對誰都沒有好處。

我們通常會按照自己以前的經驗去生活。原本我們每個人應該都是自我生命的主體，但是，我們卻因為受制於他人的看法而逐漸變成客體，也就是愈來愈遠離自己，無法活出自我的本質。我們每個人都被這種生活重力牽制，因為已經習於符合各種規範。而儀式則是給予人們靈感的一種機會，好讓我們能暫停片刻並開始反省自己的慣常，之後「自願」採取改變行動。這樣的反省不僅有助使我們獲得平靜，也能帶來非常豐富的成效。

前面提過，在我的課裡，我見過許多急躁匆忙地一頭栽進生活的經理人或領導者。許多經理人因爲自己的急躁匆忙而陷入某種生命危機。危機其實是在提醒他們要暫停片刻，看看內心到底發生什麼事。接著他們會覺悟到，不能再繼續這樣下去，必須做些轉變。當然，如果他們不必陷入危機就能有這種覺悟是最好的，但這一定需要有人指引，否則他們無法走上這條路。如果這些人去參加相關課程，就會發現自己不是唯一一個有這些問題的人，還有其他人也走在這條探尋內心的道路上。

每當我建議人們每天試著爲自己設計一個生活儀式時，許多人看我的眼光就好像我是一個從修道院出來到處亂跑的稀有動物一樣。可是當這些人發現其他人卻躍躍欲試時，他們就願意放手一搏。我發現，用以下問題去跟這些人談話會比較簡單：「你今天過得如何？你對自己的生活滿意嗎？你對自己有什麼看法？」我從來都不強迫學員接受什麼，但我邀請他們去尋找對自己有益的東西。接著我邀請他們不妨就去嘗試看看，我說：「這是一條練習的路，你得自己去走。你不能永遠當觀衆。」

行爲心理學發現：能夠確實執行自己的計畫與否，無關意志是否堅強，而是方法是否明智。也就是說不要想一蹴可幾，而是步步踏實。我該如何以聰明方式開始一天，好讓這一天對我有益？在這裡，所謂「對我有益」的意思是讓自己明確體驗到：**這一天是屬於我的一天**。儀式就可以達到這個目標，進行一個固定儀式時，我們會感受到自己是自主地生活，不是活在他人的操控中。許多領導者發覺，他們是被別人操控著過日子，被別人的期望主宰著，屈服於別人施加的壓力之下。長期下來沒有人能從中得到益處，其效果恰好相反。如果他們壓抑這種苦悶感，這些情緒會找到另一個出口宣洩。

舉個例子，賓士汽車一位負責保養公司主管用車的員工有次對我說：「賓士的車子品質很好，但這些主管所用的配車，卻很快就整組壞光光，輪胎、離合器、剎車，統統壞掉。」我問他爲什麼，他說：「因爲這些主管的壓力很大，所以他們把內心所積聚的不爽都發洩到車上，否則無法抒發壓力。」

的確，被忽視的情緒會自己找到出口，就像不定時炸彈一樣。因此，如果我不知道自己是誰，不知道自己爲什麼會有各式各樣的情緒與行為，我的內心便無法獲得平靜。只有當知道自己是誰時，只有當我不是別人的附屬品而是一個有自主性的人時，才能找到內心平靜。因此，我們都需要暫停片刻，走進自己的內心，當然我們還需要有人陪伴，好讓我們在省視眞實的自己時，不會因爲看見自己眞實的一面而感到害怕。因爲有些人會害怕看見眞正的自己。經理人們都習慣忙個不停，事後也許還會認爲自己所做的事都非常好。可是當在完全卸下心防的狀態下安靜下來，什麼都不做，並讓內心所有情緒和感覺浮現時，他們會覺得這是件可怕的事。要做到這點，最基本的條件是，我能否平靜下來並問自己：「我是自主地活著嗎？我眞的有在自己的生活裡扮演任何角色嗎？」「我是誰？」這幾個問題常常不是那麼容易回答，但大部分的人們其實也都曾想過。我常聽到的答案是：「我想做一個眞誠無僞的人。我想做我自己。我想讓自己的內外是和諧一致的。」

這時候，我們就需要謙卑。因爲**謙卑是一種勇氣**，一種能走進內心深處並直視自身各種黑暗面的勇氣。能夠面對自己的各種黑暗面是一回事，能夠接受又是另一回事，而更進一步則是能夠談論這些黑暗面。而且不只在個人私底下的生活裡這麼做，還要在所屬的公司、企業或組織裡這麼做。而這需要我們選擇開放自己，因爲只有這樣才能做自己。

接受自己的黑暗面

為了能夠清楚認識自己，並且能夠眞正接受所認識到的一切，我必須先解釋一下黑暗面的問題。大部分的人都想把黑暗面隱藏起來，因爲他們認爲面對這些黑暗面是件很不舒服的事。但我的看法剛好相反，黑暗面被排擠、壓抑才是件令人不舒服的事。我們不可能把黑暗面鎖起來，因爲這會一直影響到行爲。瑞士心理學家榮格曾說過，每個人內心都有兩個對立的面向：理性和感情，愛和攻擊性，信仰堅定的一面和信仰動搖的一面。如果我們壓抑其中一面，比如：只想呈現出友好和善的一面，只想做這種人，我們根本不會發現自己內在的攻擊性——而且是藏在潛意識裡的攻擊性，或者我們會刻意壓抑或排擠內在的攻擊情緒，硬要擠出和藹可親的笑容，其實內心充滿怨恨的怒氣。

領導者身上常有一種所謂的被動式攻擊性。這些人外表看起來都非常和善，但如果和他們談話久一些，你的內心會被激起強烈攻擊性（例如惱怒或不悅），而你的反應也觸發他們身上隱藏的攻擊性。他們通常會用異常的溫柔語調，或帶刺的友善言辭來掩飾他們內在的攻擊性。但因爲這樣的態度或言談內容實在太過做作或帶刺，感受比較敏銳的人就很容易覺得惱怒或不舒服。這種不舒服的攻擊性情緒就是在提醒你，對方的友善或許是矯情或自我防衛。由於散發著這種被動攻擊性，這些人影響了周遭的氛圍。他們努力表現出友好態度，可是所造成的效果卻正好相反。其他人由於察覺到這股被動攻擊性，於是在面對這些領導者時，只好封閉自己。

在我們清楚了解不能壓抑、排擠自己的黑暗面之後，第二步是「允許」它們存在。這時候我會說，黑暗面不是什麼糟糕的事，可以是一個契機。重點在於不要去評價你的黑暗面，也不必自責，就讓它這樣存在。如果能夠正視和接受黑暗面，就會產生一股正面能量，幫助我們轉變自己，於是就會使我們的思想和行爲變得更加成熟。

知道這一點很重要，因爲很多人都害怕面對眞相。這是可以理解的，在開始看到眞相的那一刻令人感到特別不舒服，因爲眞相就是質疑我們的自我形象。但是，在清楚認識自己的眞實面後，將會感到非常自由，因爲不必再逃避自己，不必再戴著面具過日子。曾經有位女經理跟我說：「我沒辦法一個人獨處，一旦我一個人靜下來時，就會覺得內心有座火山正在爆發。由於我一直害怕這座火山，所以選擇逃避自己。」我對她說：「的確，也許妳內心有座火山在爆發，但妳要允許它爆發，妳必須接納這座火山也是妳的一部分，於是妳就會有勇氣去正視這座火山爲何會爆發，或者將爆發出什麼東西。然後，妳可以想像火山下面還是有一處寧靜空間，那是妳的庇護所。如果妳是基督徒，可以把那裡當成是上主在妳內心的居所，所以請不要把火山堵住，因爲反正無論如何都堵不住。請穿越這座火山，走進那處寧靜空間。妳可以在那座火山下面，找到一個所有混亂都進不來的空間。在那裡，所有一切都是清澈、純淨、安靜。在那裡，妳和自己是和諧一致的。」

當黑暗面使我們感到煩躁不安時，我們最好找一位陪伴者。然而，許多領導者都不太容易接受別人的陪伴。他們都承受一股外來壓力，一股理性的壓力，並認爲自己可以解決所有問題。他們的驕傲，使他們無法向別人訴說自己正受到什麼想法和感覺困擾。

妨礙我們內心平靜下來的另一個因素，是維持隨時「待機」（standby）的狀態。尤其在跨國企業，這種現象更加明顯。我有一門課程的名稱叫「尋找內心的黃金」。在這門課裡，我建議學員們進行一種關門儀式。我告訴他們：「儀式可以關上門或打開門，我必須把工作的門關上，才能打開回家的門。家人會馬上察覺我是否有把工作的門關起來。當工作的門沒有關上時，孩子們會感到不安，他們會感受到我心不在焉，我的心還懸在工作上。」

許多學員認爲：「這怎麼可能行得通？我沒辦法關上工作的門，我必須時時讓別人可以找到我。我必須隨時回信，尤其當我正在亞洲或美國進行某些專案時。」另一些學員則持相反意見。其中一位說，晚上八點半以後別人就無法用任何電子產品連絡上他，舉凡手機和電腦他都放在廚房充電，不准使用。另一位來自漢諾威、底下有五十名員工的牙醫說，他也定下明確規則，在這五十位員工裡總隨時有人想跟他連絡，可是只能到晚上八點。所以，保護自己的私密空間是極其重要的事。每一個宣稱自己必須隨時可被別人連絡得到的人都必須思考這點，這些人總是說：「這可行不通，不跟人連絡我事情做不完」或「否則我會丟掉工作」。

「必須隨時待機」這個問題一定存在，可是我們不能就這麼放任不管。找到一些能夠關上工作的門的方法是很重要的事。我發覺，有些人其實是不敢面對眞實的自己，不敢獨處，而把自己搞得很忙，隨時待機。

02

什麼可以帶來安全感？

在修道院的課程裡，有一門課會把學員分成兩組，其中一組扮演領導者，另一組則扮演被領導的人。他們會一起在某個模擬情境中合作，之後我請他們分享彼此互動感想。有一次，一位領導者對我說，被領導的人給她一種安全感。我很好奇，就問她：「被領導的人有哪些行爲讓妳有安全感？」她答：「他們都照著我說的話去做。」

安全感是人的一項基本需求，也許這就是爲什麼它會一直妨礙我們轉變。當人們完全按照我所說的話去做時，這當然會帶來一種安全感，因爲這表示事情完全按照我的意思進行。如果我現在宣布，領導別人的人必須提問，這反而會引起不安全感。然而，由於我們的社會正變得愈來愈複雜，不確定性愈來愈高，所以我們該如何因應這個情況？

我們不能只會告訴員工他們該做什麼！

暫停片刻，做大樹練習

好吧，安全感這項需求是沒辦法否定的，它是一種重要需求。可是當我回歸到自我認識的做法，回過頭來認識自己、認識自己的態度，也就是當我更意識到自己，而且我的內心態度給我帶來支持和依靠時，我就不必一直向外尋求。於是給我依靠、給我安全感的，就不再是外在事物。

在講到「內心態度」時，與安全感有關的還有「innehalten」（暫停片刻，回到內心）這個德文字，這是我常使用的一個字。這個字由「inne」（內在）與「halten」（堅守、抓住）組成，意思是「爲了要找到內在的依靠，我必須**暫停片刻**」。我停下來，好讓我能找到內在的停靠點、立足點，即我的依靠，讓我能停留在自己的內心；而當我能停留在自己的內心時，我就能擋住所有從外面試圖闖進來的影響；當我停下來時，我就能在內心找到讓自己依靠、給自己支持的態度。而且，也會找到一些能給我力量去改變事物的態度。

爲了解是什麼因素妨礙我停下來，我必須有一些相關經驗，即在內心暫停片刻並去反省的經驗。因此修道院舉辦一些課程，讓學員們能在集體靜默中，體會在內心暫停片刻並試著去反省。這時候，內心就不會有各種混亂情緒冒出來，即便眞的有一些情緒和感受出現，我們也要允許其存在。這種經驗讓我們認識到，我們不應該因爲心裡會浮現出各種想法而感到良心不安，反而要允許所有冒出來的想法和情緒存在。但在這一切內心的混亂中，我的內心有個可以抓得住的停靠點，一個依靠，而這個依靠會帶給我內在安全感。

但問題是，我在哪裡才可以找到這種內在安全感？尋找自己的目的是什麼？什麼可以帶來這種安全感？目的是爲了能夠有自主的行爲嗎？還是我害怕失去一些我認爲可以使我幸福快樂的東西？

要找到這種內在安全感，有個很好的練習是**大樹練習**。我抬頭挺胸地站著，心裡想像著，從我站在大地的雙腳長出樹根，深探入地下，使我穩穩不倒；然後我感受到可以支撐著我的樹幹；接著我感受我有頭冠，我們總是說樹有樹冠，不是嗎？我像一棵樹站在那裡。這棵樹可以隨風搖曳，不是一根僵硬不動的水泥柱。在像一棵樹的姿勢站著的狀態下，我可以對自己說：「我支持著自己。我爲自己負責。我有站穩的持久力。我有立足點，即我的立場，觀點。」接著，我可以改變一下站立姿勢，整個人縮成一團站在那裡。這時候，當我對自己說「我支持著自己」時，我會發現這根本不符合蜷縮的姿勢。而當我在蜷縮情況下說「我有一個立足點（等於立場或觀點）」時，這個立足點也變得非常狹隘，必須極力防衛才能保得住。

像一棵樹一樣站著，根部深入地下，上方向天空開放，能產生一種內在安全感。當我用這種姿勢來發表演說時，我就不必一直換腳站，因爲那只會向他人揭露出我的不安。僅僅是外在的姿勢，就已經可以給我安全感。

所有改變一開始都會使人害怕。當我感到不安全時，就會開始害怕。由於我對自己不再那麼熟悉，於是恐懼便在內心升起。基於這個理由，我從不說改變（change），而是用**轉變**（transformation）。今天我們常聽到「變革管理」，一家公司不斷進行各種改組來發展，這是很流行的做法。然而，所謂「改變」卻含有一些攻擊性成分：好像，一切都必須變得不一樣。如果我身爲領導者，宣布「我們必須把公司變得完全不一樣」，這聽起來就像一種攻擊，而且別人也會理解成是一種攻擊。這聽起來就像是告訴員工：「你們都不好，你們到目前為止所做的一切都不對。我們必須變得不一樣，公司必須變成一間完全不一樣的公司。」

內心圖像

關於尋求改變，基督宗教的答案是轉變。轉變的意思是：我肯定自己和公司現在的樣子，但同時我感受到：我還沒成為符合自己本質的那個人。應用到公司上就是：**我們公司尚未經營出原本的理想與價值**。但我先肯定公司與員工到目前為止所做的一切，不貶低其價值。接著，我設法認識公司根本的認同是什麼：到目前為止，是什麼造就了我們這家公司？我們原本的理念是什麼？而在今天物換星移的情況下，該如何實現當初的理念，好讓我們能忠實地堅守自己的認同、我們的本質，和發揮我們的各種潛能？

轉變會使員工產生興致，使他們願意往更接近我們本質的形象去發展，但由於我們常常執著於追求一些外在因素，如各種指標等，因而忽略原本固有的形象。這樣的觀點也不會使人害怕，我們會一起思考，我們想如何發展自己？我們該如何去實現那原本就已經存在於自己身上的形象？

對於一家旅館、一家汽車公司、一家建築公司應該是什麼樣子，所有員工都有其使命，都有某種想法。因此，重要的是，**領導者必須喚醒這些人本身的力量，而不是在沒有讓他們參與發展理念的情況下，就將自己的理念硬套在他們身上**。所以，我們不能就這麼宣稱改變是必要的。前面已經說過，這不僅使人們害怕，而且實際上也會激起人們拒抗心理。因爲這所傳達的意思是：「我的價值沒有受到重視，我做了這麼多事，現在這傢伙突然跳出來想推翻我們的想法。」「我們到目前爲止所做的一切都錯了嗎？」這類反應在所難免。因此，作爲一位領導者，我必須先肯定到目前爲止的一切，好讓別人願意繼續下去。如此一來，人們對新事物的恐懼也不會這麼大。

這種肯定是非常重要的一點。一方面我們要肯定員工們到目前爲止所成就的一切，但同時也要肯定主管所做的一切。儘管他們做了許多匆促的決定，但他們也和員工一樣努力過，盡心過，也許甚至還推動過許多事。即使不是所有事都一直往最好的方向發展，我們也不可以批判它、將它譴責爲錯誤的。這也是一種肯定。而只有我能夠接受的事，我才能使它轉變。我所貶損、排擠或逃避的，會一直黏在身上甩不掉。

但事情還不僅如此：「肯定」也包含意識到自己的尊嚴，而這份尊嚴則與自己的內在潛力有關。我們需要提供自己的工作一個**內心圖像**，因爲我們對工作的感受取決於這些圖像。所以，如果能夠爲公司發展出一些共同圖像，固然很好，但每個人都必須先找到個人的內心圖像，好讓他能以自己非常個人本質的方式，去做他所做的事。當某個人接觸到自己的內心圖像時，他熱衷於自己在做的事，否則他會覺得倦怠無力。而倦怠——身心耗竭（burn out）——常常是一個人違反內心圖像的徵兆。

問題是，我們要怎麼樣才能接觸到自己的內心圖像？這時候，我們的童年經驗又是至關重要的：我們小時候的興趣是什麼？我總是喜歡玩什麼？我整天玩都不覺得累，全心沉浸在其中的遊戲是怎麼樣的？

在自由盟約的員工參加修道院課程時，我也在他們身上追尋這些經驗。於是，童年興趣的圖像就被分別應用到個別學員的工作上。有趣的是，大部分員工都覺得，他們所做的事的確能使他們與自己的內心圖像接觸。

舉個例子：客服部有兩位女士從事同樣工作，但她們的內心圖像卻很不一樣。其中一人的內心圖像是，她小時侯就很喜歡逗其他孩子開心，喜歡講笑話。她帶著這個前提去選擇職業，於是決定進入旅館業工作。她很喜歡逗客人開心，這一點都不費力，而客人們也都覺得與這位女士相處很愉快。而另一位女士則比較安靜，她小時候大多時間都在玩洋娃娃，而且她認爲把洋娃娃照顧好是很重要的事；她還幫娃娃們蓋了一個山洞——山洞象徵母親的懷抱。這位女士也選擇進入旅館業服務，但她抱持的是這樣的圖像：希望能給客人們一個有安全感的空間，讓他們感到自己是受歡迎的，受到細心接待的，得到如母親般的照顧。儘管這兩位女士的內心圖像非常不同，但在她們身上可以清楚看到，工作讓這兩位女士都感到充實，帶給她們快樂。

我也見過當人們覺得工作很累人時，比如覺得身心倦怠或對工作感到非常不滿時，都是他們在違反自己的內心圖像生活。他們的內心圖像是外來的，這些圖像告訴他們，領導者應該要有什麼樣子，而這些圖像很可能源自一些主管進修課程中常聽到的內容。因爲這些課程中經常傳達這樣的要求：領導者必須能夠這樣、能夠那樣。可是如果這麼做的話，所有參加過這些課程的主管們事後都覺得：「是啊，如果眞的能那樣的話當然很好，那爲何還需要做其他事呢？」於是，他們內心就開始產生抗拒。相反地，如果我從自己身上汲取能量，我就可以對自己說，我很有尊嚴，而且還同時發現隱藏在身上的潛能。當我能把這些能力帶進工作中時，工作也會變得很有趣。

有位領導者想起，她小時候常一個人在閣樓玩，並在遊戲中建立一個屬於自己的世界。對我們的工作而言，這也是一個很美好的圖像。我們無法改變全世界，可是在工作場域，可以建立一個屬於自己的世界。在旅館裡工作的人，就是在爲客人建造一個屬於他們的世界。當有了這個前提時，心中就會充滿感恩：建立一個滿懷人性和溫暖的世界，有著尊重和喜樂的世界，飽含安全感和關懷的世界。於是，和同事、客人們的互動方式就會變得不同。這家旅館將是一個蘊含生命喜樂的地方，大家都享受著生活的樂趣。而且藉著彼此相處，努力建立一個讓每位員工都覺得自己被看到、被重視的世界。這同時也是一個讓人一直產生新想法的圖像。

我們永遠都在自己工作的地方，建立屬於我們的世界。這個圖像賦予我們的工作一份固有尊嚴，同時這個圖像也使我們懷著感恩之心。

03

先領導自己，才能領導別人

「只有能夠領導自己的人，才能領導別人。」聽到我說這句話的領導者們，經常問自己這句話：「**我能夠領導自己嗎**？」這時候，大部分人發現，其實自己並沒有做到這點。他們只是管理自己，把行程列出各種優先順序，匆促地從一個行程跑到另一個。他們大多被自己的行程支配著去行動，而不是做出自己願意的行動。

接下來又出現一個更深入的問題，也就是，**領導自己的目的是什麼**？我要引領自己到哪裡去？若不是往外，就是往內。而我們必須先進入內心，才能往外採取行動。此時，自我認識就至關重要了。認識自己和領導自己必然是息息相關、相輔相成的。而那些深入思考我說過的「想領導他人的人就必須提出問題」這句話的人，很快就能抓到這個重點：如果我要領導自己，我該問自己哪些問題？

做自己，也接納自己

基本上，還是這個關鍵問題：「我是誰？」我會給學員一項功課：在一整天的生活中不斷對自己說「**我是我自己**」。這是耶穌復活後對門徒們所說的話，在希臘文裡是「ego eimi autos」，而「autos」的意思是「內在的神聖地方」，也就是眞我存在之處。如果我一整天——起床時，吃早餐時，去上班時，和同事、客人說話時——一再對自己說「我是我自己」，我就會發現，我常常都不是我自己，我只是在扮演某種角色：在進行生意談話時的我，與跟朋友說話時的我是不一樣的。

可是，我自己到底是誰？當我覺得我是我自己時，這時所有外在角色就消失不見了。我不必證明自己，不必刻意給別人深刻印象，我也沒有什麼壓力，而是，我就是這麼單純的我。我可以就是這麼簡單。當我很單純時，我就無須一直證明自己，不必處於壓力的包裝下，我可以很自在，不必裝模作樣。於是，我會散發出一種怡人的氣質；於是，我身邊的人也可以自在做自己。當我們所有人愈來愈成爲自己時，我們也會以更眞誠、更有人性的態度與彼此互動。我們將不會一直傳達給別人這個訊息：你必須完全改變。不是「肆意妄爲」，而是活出符合你內在「成爲一個人」的眞實本質。因爲「肆意妄爲」反倒是被外在的欲望所操控，並非眞正的自己。當我們活出符合本質的自己時，我們可感受到內心的平安與自由，這就是判斷的標準。

「做自己」同時表示「我能夠接納自己」。但問題是，我該如何去處理自己內心的一些情緒和想法？以前一位有名的靈修導師彭迪谷（Evagrius Ponticus）曾說：「我們無法爲浮現在自己內心的想法和感覺負責，我們無法阻止這些想法和情緒的產生。但是，我們的責任在於如何處理這些情緒和想法。」我會發現，自己心裡浮現惱怒、嫉妒、苦澀不甘或拒抗工作的情緒。只有當我能夠接受這些負面情緒和感受，並藉著這些情緒和感受的提醒去探尋眞正的自己時，我才能轉化它們。情緒和感受就像是表層一樣，我必須穿過這表層，才能發現眞正的自己。但這些情緒和感受同時又是一股力量來源。當我和這些情緒對話時，它們會引領我接觸到潛藏在心靈深處、等著我去取用的力量，這股力量是從眞實的自己而產生的。當我和眞實的自己接觸時，我就會有這種感覺：我是自主地活著，不是在別人操控之下活著。如果我只是管理自己的行程，按表操課，我就是活在各種行程的操控之下。領導自己的意思是，**將自己的生命掌握在自己手中**。

接下來的第三步就是要朝向這個目的：我要領導自己走向哪裡？我想要的是什麼？是：盡可能獲得最大的成功？想認眞地表現自己？還是成就一些對別人有益的事，一些我覺得對團體帶來益處的事？畢竟，企業是我們能夠共同建構某些東西的地方，也是一個能給予別人希望的地方。如果一位旅館業者只把目標設在讓自己的旅館比其他旅館更好，在我看來這不算什麼目標。目標應該是：創造一家能夠幫助別人的旅館，能讓客人感到賓至如歸的旅館，而且這家旅館帶給員工的感受是，他們覺得自己在做有意義的事。哲學家布洛赫曾說過：「當我們的行動能夠帶給他人希望，並成爲希望的記號時，才是有價值的。」因此，當一位建築師建造的房子能夠織入各種希望時，例如對美好事物的希望、對安全感的希望、對故鄉歸屬感的希望，他就是一位好建築師，公司也是如此。而一家旅館的員工則應該問自己這個問題：「我們能夠帶給客人希望嗎？希望有美好的生活，有安全感，有人性，能享有生活的樂趣？」而作爲領導者，我則必須問自己這個問題：「我能夠帶給員工們希望嗎？希望我們所做的工作是美好的，希望我們之間的相處和互動愈來愈人性化，愈來愈誠摯？」

在某些企業裡，人們只一味抱怨所有的事都好困難。但如果仔細觀察就可以發現，這些公司所生產的東西並沒有符合市場需求。因爲他們沒有傳達任何希望，只是銷售產品而已。這些公司並沒有聽到人們眞正的需求。如果能聆聽人們的需求並問自己這個問題，會是很好的事：「我們如何就人們今天的需求去傳達這個希望——活著是值得的，生活會愈來愈美好？」

你想留下什麼足跡？

領導自己還有另一個面向。我問自己：我想藉自己的生命，甚至藉自己的公司，發揮什麼樣的作用，留下什麼樣的足跡？我到底主張什麼？我想藉自己的生命傳達什麼樣的訊息？而在我的公司裡，我想向別人傳達什麼樣的訊息？若我問自己這些問題，我也會產生領導別人、啓發別人的動機。

奧地利心理學家、意義治療的創始人維克多．弗蘭克（Viktor E. Frankl）認爲，找到生命的意義是生而爲人的關鍵。沒有爲自己的生命找到任何意義的人，也無法向別人傳達任何意義。而沒有意義，我們就沒有動力。尼采曾說過：「一個人知道自己爲什麼而活，他就可以忍受任何生活困境。」所以，心中有目標的人，感到自己的生命有意義的人，必然是一個健康的人，他的內心不是撕裂的，因此也能向別人傳達意義。所以，最重要的是：**我們到底爲什麼而工作**？身爲一位領導者，我必須能夠激勵別人。當然我們也可以反對使用「激勵」這個詞，因爲它有一種「推」的意象，我必須推著某些事物向前，我必須時時推著員工們向前。但「激勵」也具有「驅動」的意涵，我想使某些事物「動」起來，而對領導者而言這才是最重要的。我個人也喜歡說「啓發」或「精神鼓舞」。當我啓發員工時，他們會變得有創意，他們會讓內在的精神驅動自己。而跟我從外在加諸到他們身上的動機相比，這是一股更大的力量。但無論是激勵或啓發，我們的精神才智總是需要一個前進的目標。

04

尋找隱藏在企業中的偉大奧祕

在修道院裡，我們一起尋求上主。一再有人問我，「尋求上主」和「一個人尋找自己或一位領導者尋找自己」，這之間是否有交集，或根本就是平行無交點的？這兩種想法有相似處嗎？還是完全互不相干？

首先，尋求上主的意思是，我知道不可能時時都能遇見上主，但我仍然不斷尋找。有時候我可以碰觸到上主，但之後我還是必須繼續尋找，因爲上主是深奧莫名、無法捉摸的。就像我無法占有上主或時時找得到祂一樣，我也無法完全找得到眞實的自己。而且我也無法百分之百地定義，尋找自己到底意味什麼。因此，眞正的自己同樣是個奧祕。神祕主義認爲，如果我一直追問自己是誰，到最後就會進入追問「上主是誰」這個問題。

「我是什麼？」「我是誰？」在思考這些問題時，最後就會碰到前面所提到的那個上主的奧祕，那個無以名狀、無法捉摸的奧祕。就這一點而言，這種不斷繼續往前走，永遠沒有終點的旅程，既適用於尋求上主，亦適用於尋找自己。我們永遠都不能說，我已經找到自己了，而只能說，我只找到自己的某些面向。之後，又繼續尋找下去。**我們永遠都不可能有圓滿的幸福，因爲絕對的幸福並不存在**。

聖經上說，我們不可造任何上主的像。同樣地，我們也不可能爲眞實的自己描繪出一個清晰明確的形象。但我們需要上主的圖像，也需要我們自己的圖像，否則我們根本不可能談論上主或自己。但同時我們應該知道，所有圖像都無法描繪出上主；同樣地，所有圖像都無法描繪出眞正的自己，即那個眞實的自己。

不斷尋求上主的經驗，也可以運用到社會上或公司裡，在這些地方，我們同樣一直不斷地尋找目標。但我指的不是浮動不安地尋找，而是**抱著一顆平靜的心但同時又帶著熱情**尋找。因爲，我們永遠都不可能到達終點，我們不斷在尋找。上主是超出我們想像的偉大奧祕。我們雖然有上主的各種圖像，但這些圖像都無法描繪出上主。我們也有自己的各種圖像，生病的或健康的圖像，但這些圖像都無法完全描繪出「我」或「眞實的我」。奧祕一向比各種具體圖像都偉大。同樣地，我們也對公司抱持各種圖像，這些圖像十分重要，因爲可以引領公司前進。對我而言，這些圖像比道德激勵還重要，因爲它們描繪的是公司一些基礎且重要的特質。但同時，爲了更接近一間公司或一個團體的奧祕和本質，我們應該不斷尋找下去。

發現奧祕的方法

我一再談到上主的奧祕，眞正的自己的奧祕，和一家公司的奧祕。在德文裡，「Heim」（家）、「Heimat」（故鄉）和「Geheimnis」（奧祕）這三個字，是彼此有關的，因爲都有「Heim」（家）這個字根。所以，只有奧祕存在之處，我們才能以之爲家。而只有當人們在一個公司裡體驗到更偉大的事物時，他們才能在公司裡有家的感覺。所以，奧祕就是一些比物質存在更偉大的事物，是我們無法完全抓住但又非常重要的東西。這個比我們自己更偉大的存在——奧祕——連結著彼此，讓我們有安全感，有家的感覺，有歸屬感，有被承載的感覺。這是一個能以最深刻的方式，使一家公司的員工彼此連結的羈絆。

我用一個具體例子來說明。在一個患有注意力不足過動症（ADHD）的孩子，也就是一個內心撕裂不安的孩子身上，我們可以看到奧祕如何使人彼此有連結。對許多孩子和父母而言，過動症是個大問題。有過動症的孩子無法長時間集中精神，因此可能會干擾別人。一位女老師告訴我，她一直想做一位好母親，可是兒子的躁動不安卻常讓她火冒三丈。結果兒子被選去當輔祭[6]，她非常擔心，心裡想著：「天哪，如果他站在祭台前動個不停，別的母親會對我有什麼想法？」但是，當她第一次看到兒子在教堂裡當輔祭時，她發現這個男孩穿著長袍肅靜地站著，一點都沒有亂動。他的內心平靜，因為他在禮儀中感受到一些更偉大的事物。在那一刻，所有躁動不安都消失不見。

當我們體驗到一些更偉大的事物時，內心就會平靜下來。不僅患有過動症的孩子如此，對一家公司而言亦是。今天有一些公司，因為不停進行各種改組與變革而永無一刻

6：天主教彌撒中在祭台上協助神父進行祭典的人員，通常是高年級的孩子或青少年。

安寧。所以，他們需要被連結到一些更偉大的事物裡，好讓他們能擁有內心的平靜，並在這平靜中去找到對公司、對工作有助益的路。對於公司而言，這個超越物質與數字指標的偉大事物，可能是一種經營的價值觀、創業的理想，或企業的社會責任。

由於我們修士總能非常集中精神在自己的行爲上，十幾世紀以來，我們發展出一些實際做法，不僅我們自己在使用，也能幫助經理人或領導者更加認識自身。那是一些能夠應用到企業的日常活動、個人的生常生活、商業的日常、社會的日常生活中的工具和儀式。這些儀式可以幫助人們更加接近自己。

第一種是，我前面已經提過的，**靜默**和**獨處**。一位經理人必須能夠獨處，以便能夠去察覺，是否他所做的一切，就是他所尋找的終極目標。靜默使我能夠在安靜中接觸到內心。在靜默狀態之下比在匆忙追趕的日常生活中，更能做出明確且充滿祝福的決定。

第二個方法是，一**起祈禱**。每天教堂的鐘聲都會響起五次，呼喚我們一起祈禱，幫助我們與弟兄一起走在追尋的道路上。集體祈禱使我們彼此有更深層的連結，比情緒層面更深。在祈禱中我們體驗到，儘管修士之間各有不同，但我們統統都被上主扶持著。運用到公司上，這表示：**人們在公司彼此合作，但卻不會被比較、也不會被評價**。就如同我們集體祈禱的目標是朝向上主，公司裡的共同作爲則是朝向一個比自己更偉大的目標。合作使彼此產生連結，也能激勵員工。

第三種方法是，**彼此交流並反省地談話**：「對你而言，身爲修士代表什麼？」「集體祈禱的時候，你在做什麼？」「當我們一起開會討論時，你有什麼感覺？」引申到公司裡，這表示：「當你想進這家公司工作時，你認爲什麼是重要的？」「是什麼在驅動著你？」「什麼使你們之間彼此有連結？」「儘管你們之間有這麼多差異，承載著你們的共同基礎是什麼？」

05

修道院就是一家企業

無論是集體祈禱或談話，**處理情緒問題**都非常重要，尤其對領導者而言，因爲他們總喜歡認爲自己非常冷靜、極其理智地在領導；因爲他們認爲只有理智的人才可以領導別人。但情緒是個人內在的一種力量，是一種驅動的力量。一個人若沒有情緒就不會有熱情，就不可能激勵員工。當然也有一些負面情緒，比如嫉妒、吃醋、憤怒等，這是每個人都會有、也都知道的情緒，但這些情緒會使我們癱瘓。所以，我們必須學會如何轉化這些情緒，使其轉化爲正面力量。首先，憤怒是畫清人我之間界線的一種力量。我之所以憤怒，是因爲感到他人超越我的界線。如果我將這種力量轉化成**面對他人侵犯的勇氣**，形成一種能保護自己界線的力量，這時憤怒就具有正面意義。同樣地，當事情出錯時，我也會生氣。這時，與其大聲咆哮、發洩怒氣，不如運用這股怒氣的推動力將負面情緒轉化爲**企圖心**，變成促使我採取行動、改善現況的力量，或規畫自己該做的事的力量。這是一股刺激，讓我們能在公司裡有更好的安排和規畫。沒有這股刺激，沒有情緒的力量，公司裡就會變得很無趣，而且也不會形成一股充斥整個公司的集體力量。

情緒也與儀式有關。因爲儀式，可以表達出一些在日常生活說不出口的情感的機會。研究顯示，**有執行美好儀式的公司，在經營上也比較成功**。爲什麼？儀式要花時間，但儀式可以幫助員工或領導者表達出一些不易表達的情感。比如，慶生可以有兩種方式：一種是選一家昂貴餐廳慶生，這只要花錢就可以辦到；或者可以採取另一些創意做法。賓士汽車的一位部門主管告訴我，他們團隊的女祕書要過五十歲生日時，工程師們在想該如何爲她慶祝，於是他們共同爲這位女祕書製作一幅拼貼畫。他們花了時間，拼出一些圖案和話語。對這位女同事而言，這很重要，因爲這顯示她獲得同事們的重視。工程師們用行動認眞看待她的生日，搭配充滿友愛的話語。這些同事不僅花時間製作這個禮物，還表達他們的情緒——當這類情緒表達出來時，便形成連結的羈絆。在儀式裡，能夠表達出激勵人的感覺和情緒，這會給人能量。以這種方式，儀式可以建立一種家庭認同，也可以建立公司認同。因爲節省時間而廢除儀式活動的那些公司，雖然一切都確實按照節奏進行，卻毫無力量。

看人、說話，都是在領導

除此之外，企業還能從修道院學些什麼？本篤會規的一個重要原則就是：**以一種新的眼光來看人**。聖本篤說，我們應該在每一位弟兄、每一位姐妹身上看到基督。對於一個不住在修道院裡的人而言，乍聽之下也許很怪。但這句話運用在生活與企業上就是，**我們不應將一個人的全貌，框在我們所看到的外在行爲上**，或以某種外在行爲或外表的成見產生刻板印象，而是應該看透這經常是負面的外在行爲，看到對方的心靈深處。每個人的心靈深處都有一個良善核心。我們修士相信，每人心靈深處都有一股成就良善的渴望。不以外表判斷對方，也不是戴著一副粉紅色天眞眼鏡認爲人人都是大好人，而是選擇相信對方。我們不是傻傻認爲每個人都很可愛、和善。我們清楚看到這個人的負面行爲，但不因對方的行爲而蓋棺論定，也不將對方歸爲某一類的人。**我們如何領導別人，**

取決於我們看人的觀點。唯有當我們相信人有良善的核心時，我們才能誘發出這個良知。於是，員工們也會相信自己有美好的一面，並將其展現出來。信心，能喚醒人們美好的一面。

我們從《聖本篤會規》得到的另一項幫助是，**注意我們的話語**。聖本篤要求理家神父必須向其他弟兄們說善良的言語，即使有時弟兄對理家提出無法滿足的要求，但理家神父還是必須用良善的話語來拒絕。關於這點，聖本篤引用舊約《德訓篇》的一句話：「一句好話，比恩惠更快人心。」聖經上說：「你的話語，洩露了你。」我們在公司裡的話語，也會洩露內心的眞實想法。教父們說：「我們是用話語蓋一間房子。」問題是，我們的話語所蓋的是間什麼樣的房子：一間每個人都覺得自己獲得接納、得到理解的房子，還是一間使人凍僵的房子，因爲房裡的人說的是冷漠並傷人的話，因爲這房裡的人時時害怕聽到一些會傷人和評斷人的話？

關於溝通，在德文裡有三個不同的字。

第一個字是「sagen」（說，告訴），意思是我要表達某些事。我表達出某件事，但讓對方自由地對我所表達的事做出反應。屬於「sagen」這一類的還有「erzählen」（訴說，敘述）這個字，而敘述故事的效果常比道德呼籲好很多。

第二個字是「reden」，源自中古德文「rede」一字，意即清算。它與「算計、數清」有關。所以「reden」的意思是舉出理由來辯解、說明。辯解與說明都很重要，可是如果我們只一味辯解或說明，免不了會產生空話。如果我們看看「reden」的組合字，就會發現在「reden」這個字裡常含有一些攻擊成分：「wir wollen jemandem etwas **einreden**」表示我們要說服某人做某事，「mit ihm etwas **bereden**」表示和某人論辯、理論某事，「ihm etwas **ausreden**」表示勸阻某人做某事。**說明或辯解並無法建立關係。只有當我們彼此交談時，才會建立關係**。

「sprechen」（談話）則源自「sprake」一字，意即發出劈劈啪啪的聲音，劈哩啪啦作響。「sprechen」也源自「bersten」，意即爆裂、裂開，有東西從我內心爆開、冒出來。「sprechen」指人與人之間的談話，發自內心的交談。我和某人是在爭辯（bereden）某事或商談（besprechen）某事，這兩者是不一樣的。「爭辯」（bereden）總是含有一種權威意味，好像我要對別人說教。而「商談」（besprechen）則是一種有主題的談話，彼此要針對某件事進行商討。當我勸慰某人（zusprechen）時，表示我在安慰對方。透過勸慰，我扶持對方。當我們彼此談話時，就形成對話，而對話與建立關係、形成團體有關。於是這就會產生一種彼此連結的關係，一種互相理解、互相交流的關係。

我們應該要進行對話，而不是彼此談論別人的是非，這很重要。做生意也是一種關係，也是一種對話。我從來沒有因爲被對方的三寸不爛之舌說服而與對方交易。只有當我和對方之間能夠交談，能夠對話，而且在對話中產生連結，我能感受到這個人時，才會和他做生意。

我們必須能夠感受到別人，然而有些領導者的問題卻是無法感受到別人。他們將自己如此地絕對化，或將自己從關係的層面抽離出來，因此根本沒有建立任何關係，所以他們就**只能「管理」而無法「領導」**。建立關係才能彼此連結，才能形成人與人之間的眞誠相處。

但關係要如何建立？在此，我想把話題先局限在對話中的關係。我所說的話是否可以形成對話或者只是空話，這完全是態度問題。身爲一位高階經理人，我的職責就是必須與他人對話，必須給予答案。可是我如何從談論變成交談？

僅憑專業，無法成爲好領導者

要進行交談有三件重要的事。首先，交談需要**聆聽**。有些事並不需要馬上給答案，而是適當回應。但有些領導者根本沒有注意到這件事，原因在於他們根本沒有眞正聆聽。所以，首先重要的是聆聽，聆聽別人，願意聆聽對方說話。從他所說的話中，我聽到他內心有什麼樣的渴望。而且我不僅聆聽他說的話，還聆聽他這個人。在聆聽中我感受到這個人以及聽出觸動他內心的是什麼。

第二件事是**問問題**，但這不是指盤問或打聽人家的祖宗八代。其實，字源學非常有啓發性，德文裡「Frage」（問題）這個字源自「furche」（犁田），當我問某人一些問題時，就像在對方心裡犁田一樣。就像種子被撒在犁鬆後的田裡並開始成長，問問題可以讓對方打開的心靈萌生出果實。問問題也是一種尊重的形式。我不馬上回答，而只是詢問對方的意思，詢問對方的感覺。這意思是，我對對方所說的話很感興趣，而且我追問下去，好讓更多東西能夠萌生出來。

第三件事是**回答**，也就是，面對對方回覆他。德文字裡的「回答」就是「Ant-Wort」

（面對—話語），意思是「面對」著談話對象說一句話。當我跟對方說話時，我注視著對方。在這樣的回答中，就能形成一種關係。如果我只用電子郵件回答，我就無法注視對方，這種回應方式並沒有建立關係。注視對方也是建立關係的一種形式。我注視對方時，就是在給予對方尊重。

然而，在這些想法背後還有一個嚴重問題。那些能給出很多好答案的人，通常都有很好的專業知識。但是，專業知識對於做一位好的領導者到底有多重要？因爲專業人才，比如成功的工程師，常因其專業領域的成就，突然被提升到領導位置。但專業成就與領導能力兩者之間還是有很大差異。在輔導賓士汽車公司的經驗中，我不斷證實一個道理：**僅憑專業能力，不足以讓人成爲一位好領導者**。

身爲理家神父，我在明斯特史瓦扎赫修道院裡要負責二十一個事業單位，我雖然讀過企業管理，但在技術工藝方面可一點專業知識都沒有。我對金飾的製作、印刷廠的運作，或其他工廠的專業一點都不熟悉，但我還是認爲自己領導得很不錯，原因是我經常提問，而不是去盤問、質問或事後追問。「詢問」的意思是，因爲很想知道某件事，向擁有這方面專業知識的專家提出問題。我也經常必須因爲一些建築工程和建築師傅、水泥匠、電器師傅們一起開會，在職位上我是他們的領導者，但其實最後常常都是他們自己做決定。因為在會議中我會幫他們釐清情況，最終由他們自己達成一致意見，只有在意見無法一致時，他們才會期待我做決定，但不是因為他們認為我比較聰明，而是因為他們彼此之間意見差異太大，並且發現這樣無法繼續下去。於是，他們需要一個仲裁者，一個說「現在要這麼做」的人。但由於之前每個人都能夠發表自己的意見，所以我的決定就不會被理解為專斷獨裁，他們只是想讓事情繼續運作。

一位領導者當然需要專業知識。如果對旅館、電腦或食品一無所知，卻要踏進這些行業的領導者，一定會碰到很大困難。但更大的問題是，一位領導者對於本業沒有任何發展願景。所以，重要的是先觀察目前的狀況。所謂「觀察」，就是去**肯定別人之前所做的事**。若領導者將自己定位成是帶進新觀點的力量時，他就比較容易領導了。對於其他人而言，一種新的觀點表示以不同視角去看一件事，而不是專斷地下令：「你們必須照我說的做，我有專業知識，我知道該怎麼做，其他人都必須照著來。」如果我身為一位領導者，願意去請教別人問題，與他們的專業知識接軌，站在對方的立場去理解，並以健全的理性來看能夠用什麼方法將這一切整合在一起時，那麼我相信，這就是一次成功的領導。

06
沒有願景，什麼都行不通

在所有關於領導的書裡，我們都會讀到，每家公司都需要一個願景。如果看看《聖本篤會規》，就可以發現一個好的願景必須有什麼樣的先決條件。因爲有時候，領導者們爲了必須發展出一些有創意的願景而感到壓力很大。可是如果這個願景是出自內心的不滿和撕裂的話，也不會帶來任何祝福。

要發展出一個能爲公司帶來祝福的願景，第一個先決條件是，發展願景的人內心處於平衡狀態。聖本篤特別要求理家神父要**明智**。拉丁文裡，表示智者、智慧的字是「sapiens」。這個字源自「sapere」一字，即品嘗。所以，一個有智慧的人是一個能品嘗自己的人，一個能接受自己的人，一個與自己和諧一致的人。而且一個有智慧的人是能看得更深的人。所以，要發展出好的願景，智慧，明智是第一個先決條件。

第二個先決條件是要**愛員工**。對某些人來說，這聽起來可能宗教意味太強或太矯情。可是如果這個願景只是爲了滿足個人野心的話，就無法激勵員工。如果我不喜歡跟我一起工作的那些人，我就無法領導他們。這不是愛或不愛的問題——愛是一個很大的字——這主要關乎的問題是：我要以善意待人，我有興趣和這些人一起工作。

第三個先決條件，是要**有創意**。要尋找出使這家公司和其員工能發揮影響力與生命力的方法。使隱藏在這些人身上的潛力充分發揮，這是我已經多次提過的願景。但我們絕不能將這個願景，與物質上的成功畫上等號。

在這三個條件爲基礎之下，聖本篤提出一個理家神父應該努力實現的願景。這個願景就是「上主的家」：在上主的家裡，沒有人會感到徬徨無助或悲傷。這聽起來相當卑微，卻是一個美好的組織願景，在這個組織裡沒有人感到悲傷或徬徨無助。當一個人沒有得到認眞對待時，便會感到悲傷。而感到徬徨無助通常就是因爲沒有獲得明確的領導。如果這個願景不明確，如果領導者的指示一直模糊不清或朝令夕改，員工就會感到徬徨無助。只有當願景清楚明確，且人們感受到自己獲得尊重對待並一起朝著共同願景前進時，他們才能獲得內心平靜。

此外，上主的家的社會意義就是，這家公司不能自私自利，必須要對社會負責，並且對靈性發展保持開放態度。靈性發展不僅意味著對信仰保持開放，也包含去感受員工的心靈，去察覺眞正會觸動他們心靈的是什麼。如果員工只將業績帶進公司，卻將自己的靈魂留在外面，公司就會缺少一些關鍵的東西，也就是這家公司沒有精神。而上主之家的意思是，在公司裡，員工彼此振奮對方的心靈，互相啓發對方。

願景的兩個面向

「可是，如果我要尋找自己的願景的話，該如何進行？」常有人問我這個問題。願景有兩個面向。第一個面向與上面提過的那些問題有關：我是誰？什麼符合我最內在的本質？**我想在這個世界留下什麼足跡**？爲了發現這個足跡，我必須認識自己、認識自己的生命史、我的創傷、我的天賦，和我的強處。正視自己目前的樣子，接下來才能思考想繼續在這個世界留下什麼樣的足跡。

除了認識自身的強處、天賦、能力之外，認識自身的創傷也很重要。聖女賀德佳（Hildegard von Bingen）說：「成爲一個眞正的人的藝術就在於，學習把傷口變珍珠。」正因爲認識自己的創傷，才能發現自己的能力，能對人有更深刻的認識，並能同理他人眞正的需求。在創傷裡常隱藏著自我的潛力，憑著這份潛力，我們可以在這個世界上留下足跡，爲公司發展願景。

有些領導者有很大的願景，可是他們卻帶著撕裂的內心，在這世上只留下苦澀不甘和分裂的、嚴酷和無情的足跡。如果內外能夠和諧一致，心裡感受到平安，那麼就可以在這世界上留下希望、憐憫慈愛與和好、歡樂和輕快的足跡。

郭蒂尼（Romano Guardini）這位生於義大利維洛那的天主教神父和宗教哲學家曾說過：「每個人都是上主藉著這人的存在，所說出的獨一無二的話語。」我們都不知道這話語是什麼，但在我的課程裡，我會請學員寫下在這一刻直覺想到的一句話，或一個字來表達他們想用自己的生命所傳達的訊息。有人寫下「和諧」，另一個人寫下「和平」，第三個人寫的是「生命力」，第四個人寫的是「關係」，即團體。也有很多人寫了「愛」或「希望」。每一次人們的答案都多姿多彩，令人驚嘆。團體裡的每個人都想傳達某個訊息——而且每個人都是獨一無二的。這就是一種潛力：留下個人特有的生命足跡，就是一種願景。

願景的第二個面向，可以用耶穌的一句話來解釋。耶穌派遣門徒們出去時，跟他們說了這句話：「所到的地方要宣講：『天國快實現了！』你們要醫治病患，叫死人復活，潔淨痲瘋病人，趕鬼。」身為基督徒，我們都有一個任務，一個使命。而根據耶穌的話，我們的使命在於，在這世上發揮某種醫治作用，去扶起別人，在內心僵化的人身上喚醒生命。

問題是，該如何具體進行？事實上，我不應該去追逐外在的各種理想，應該去做最符合內在本質的事，或者我很想去做的事，以及有信心能做好的事。我應該問自己：在不必花費很大心思去思考的情況下，我想傳達什麼訊息？關於我的使命，我有什麼樣的感覺？我感受到什麼？我內心有什麼東西在悸動？我內心很想去做什麼？願景的第一個面向涉及的是個人散發出的光彩，我的生命本身就是一個足跡；第二個面向則涉及行動。什麼樣的行動符合我的本質？不是我必須強迫自己做什麼，而是我**在內心感受到什麼樣的任務，什麼樣的使命**？

許多人都想追逐快樂幸福，希望自己能享有內心平安，能從容自在，能輕鬆愉快。可是有不少人卻認爲，必須以外在事物來定義自己的幸福。他們認爲，如果能獲得成就，就會幸福快樂。可是成就並不表示享有內心平安。

幸福無法靠外在事物獲得。幸福是一種內心狀態。我和自己和諧一致的時候，就會感到幸福。我的生命能爲別人帶來祝福的時候，就會感到幸福。不是我整天就只顧自己，只想著滿足自己的種種需求就會感到幸福，而是因爲服務別人，在別人身上喚醒生命，我才感到幸福。當我獻身於工作和幫助別人時，我的內心就會獲得平安。於是，我就會一直因爲自己能夠幫助別人、發展對方的生命藍圖而覺得快樂並感恩。

如果有人在我面前高舉種種物質的重要性，我就會問他這個問題：「你有這麼多錢，讓自己能夠擁有這麼多東西，房子、車子……等，這就已經是幸福了嗎？」難道人們沒有發現，其實金錢並非所有？如果因爲一份非常賺錢的工作而使婚姻出問題，此時即使最漂亮的房子都不再有價值。難道沒有別的事可以讓你感到幸福嗎？你什麼時候感受到眞正的幸福？有些人說，他們眞正感到幸福是當他們花了很多錢去度假時。另一些人則談到更深入的感受，開始敘說某一次與人相遇的經驗，或想起跟某人的一次談話之後滿足地站起來，心裡湧流著某種強烈感受。

經驗告訴我們，當生命流動時，就會感到幸福。流動與獻身、付出有關。工作也與獻身、付出有關。聖本篤說：「ora et labora」，即「祈禱與工作」。這意思是，工作也需要抱持和祈禱一樣的態度——獻身，即放下自我中心，並獻身於幫助別人，獻身於工作。當我不再以自我爲中心，當我的生命更有價值時，我就感受到幸福。而且，我無法抓住幸福，幸福通常只是瞬間的感恩之心。關於這點，也許修士大衛．斯坦德拉（David Steindl-Rast）的這句話很貼切：「我不是因爲覺得幸福才感恩，而是因爲會感恩才覺得幸福。」感恩的態度也會使人感受到幸福。但我們不是爲了讓自己幸福而感恩，這又本末倒置了。感恩是一種態度，我們有許多值得感恩的事物，這都是上主的賞賜：各種相遇的經驗、友善的眼光、我們的健康、大自然的美、一個人的愛。當開放自己去接受上主每天賜給我們的一切，就會感到幸福。而去傳達這樣的經驗，是件重要的事。

但是，那些整天就只想著讓自己幸福的人，心中想著「只要我幸福就可以」的人，只不過是自私自利、自我中心的人。因爲眞正的幸福，是在奉獻付出中才能體驗到。在服務別人中，我感到幸福。

如果什麼都以錢爲準則

在美國，有一種神學叫「成功神學」，主張金錢至上，甚至上主都在金錢之下。有位女士送我這樣一本書，這本書主張，透過祈禱就可獲得財富——我覺得這簡直是一種褻瀆。我馬上把書丟到垃圾桶，因爲這已經使人在信仰上墮落了。我曾和一位企業諮詢顧問合作，我對她說，「正確的價值觀可以使一家公司更有價值。但我們不是爲了賺更多錢才去實踐價值，如此一來，價值就被工具化了。正確的價值觀本身就很有價值，因此那些注重正確價值觀的企業就能夠欣欣向榮。不只是獲利方面，而是全面發展蒸蒸日上。」可是成功神學的神學家們只想知道做某些事可以帶來什麼好處，所有事都必須帶來某些利益。一切目的都被扭曲，甚至人性。如果某件事不能帶來利益，便毫無用處。可是如果什麼都以錢爲準則，生命便變得沒有價值。

我並不反對金錢，錢也是在服務人。身爲理家神父，我必須與大量金錢打交道。當然，如果沒有錢，我就無法服務別人，也無法進行投資。但我們的目的不是竭盡全力賺更多錢，而是盡量服務很多人。在我們辦的學校，明斯特史瓦扎赫的艾格伯特文理高中裡，我們也不能一直省錢。我們需要錢來推動某些事，來服務人群，而這才是最重要的。服務就是生命。一位領導者可以對自己說：「我需要錢，來服務員工的生命。」

這種服務有各種不同形式。一位治療師或醫師也在服務人。在商業上，在公司裡，我服務人，好讓他能成功，這意思是他能從工作中獲得樂趣，如此一來成就也不是負面的，當某人成功做到某些事時，這便對他有益；當他能影響某些事情時，會因此感到驕傲。

身爲一位領導者，我創造健康的工作氣氛，我分派具挑戰性的工作，我親自視察每一位員工，這是一種相當踏實的服務形式。員工不是我可以往這擺或那擺的雕像，而是我必須注意，這些人是誰？他們在什麼樣的位置上可以獲得發展？如此一來，公司最後也會一起發展。如果公司瀰漫不好的氣氛，只有幾個人得到重視，這沒什麼好處。所以，要建立良好的氣氛，用心安排工作，使員工感到滿意，並關注每一個人——在我看來，這就是領導。如果一個人一天要工作八小時，這已經占了他生命中一大部分。如果這份工作能讓他感到充滿樂趣，他的生活也會健康。而且這種樂趣不是流於表面，而是如工作顯得有意義，員工們也能夠有創意，能夠主動參與，能夠全心投入，得到重視。所有這些因素都會使他們在公司裡所度過的八小時生命時光，成爲一段美好的時光。

07

當團體一直保持活力，便是成功

許多公司認爲，成功就是達成其經營目標。問題是，我們該如何定義成功？在修道院裡，我們對成功當然有特定看法。**當團體一直保持活力時，我們便視之爲成功**。當我們繼續感受自己，當我們不以自己爲中心，而是去問：「在現今社會裡，我們的使命是什麼？我們是否有用正確方式實踐這個使命？」而且我們也問自己這個問題：「我們正在做的事是否有意義，是否與自己的本質和諧一致？」

對我而言，當我們的團體能夠服務人群，當我覺得，人們之所以來此是因爲他們能在這裡找到在別處找不到的東西時，我們便成功了。對我們而言，這還特別表示他們在追尋靈修的路上來到這裡，並在此找到能繼續幫助他們追尋的談話伙伴。

在我們生命的每個領域裡，成功各有其不同滋味。如果人們在我們的詩歌誦禱中感到自己在靈性發展上得到強化，對我來說，這表示我們的詩歌誦禱很和諧，是一種具有鼓舞靈性的作爲，使人們在靈修上有豐富收穫。我們也可以在詩歌誦禱時互相對立：有些人吟唱速度較快、或比較大聲、或比較小聲等，於是來訪者會發現這個團體並不是很和諧。所以詩歌誦禱是一個很好的壓力計，可以顯示出團體裡的人相處得好不好。

在工作時，我們也問自己，我們是否有好好合作？是否做了有意義的事？對專業工匠們而言，成功就是一起完成某個任務，共同在團隊裡用創意方法解決一些事的時候。所以，解決事情也是一種成功。在靈修方面，成功是看我們的課程是否順利進行，參加課程的人心裡是否被感動，是否得到支持。但這一切都不是用金錢衡量，衡量的標準是人們回家時帶著什麼，他們是否覺得自己被觸動了；對我而言，成功就是我是否觸動了人們的內心。在修道院裡，每隔一段時間，各部門就會固定和院長一起進行部門視察，這等於是對整個修院團體做一種類似整體狀況的盤點。視察重點在於得知修院團體內大家相處的情形，了解修道院的活力與和諧度，看看是否有衝突存在，或大家是否嚴肅對待修士們的修行生活等。在視察時，也會提出一些**信任**方面的問題，看看修院團體對院長是否還信任。但重點不在院長是否還能領導我們繼續前進，而是看修士們是否還信任他。我們會舉行一次不記名投票來表達這個信任度，接著院長會被告知投票結果，如果全體大會中有一半人表示院長難以相處或不再適任，則會針對此事進行討論。

進行不記名投票時會有一種不好的情況，有些人會表達出敵意，但基本上，我們已經可以從投票過程中感受到某種氣氛。但是，我們還是要在進行視察時與修士們尋求對話，「你覺得這裡的生活如何？」「你感到滿意嗎？」如此一來，如果對院長有明顯的反對票，就可以看出這個結果從哪裡來。如果院長太要權威，不再聆聽眾人意見，或對某些事太過固執時，眾人就會對院長有一種基本的負面情緒。於是他會被勸告，也許該放下院長職務。但這並不是導致這類建議的絕對明確決定標準。基本上，「信任」是是否還相信院長有能力領導的唯一標準。

什麼是成功的企業

我們也應該重新定義「什麼是成功的關係？」「什麼是成功的企業？」「什麼是一

家有活力的企業？」根據上述的情況，在我看來，一家成功企業的第一個條件是**員工每天早上都很樂於去上班**的企業。此外，第二個條件是要有**開放的溝通**，這很重要。這家企業裡的人能夠開放地彼此對話嗎？就像我們這些修士們在進行視察時所做的那樣？企業裡有衝突，這是可預見的，但在公司裡是否充滿一種信任氣氛，使人們也願意談一些不愉快的事，還是他們只是心懷恐懼去工作？

第三，我們跟公司會感到有種**內在的連結關係**嗎？員工之間有種內在的連結關係嗎？他們是否感受到大家都在追求同一個目標？在公司裡有種凝聚感、團體感嗎？大腦研究指出，當兒童感到與父母和兄弟姐妹有連結關係時，大腦會建立許多有創意的連結。就公司而言，這也是一個正面的圖像：有連結之處，就能產生創造力。在一個瀰漫恐懼的公司裡，並無法找到新的解決方案，最多只會使用欺騙手法，就像德國福斯汽車排放數據造假一樣[7]。

7：福斯集團於二〇一五年九月，被美國國家環境保護局（EPA）查獲，其在美國銷售的車輛，發動機控制器都植入了特殊軟體，以規避官方檢驗。

第四：我們有**目標**嗎？我們知道自己爲了什麼而工作嗎？如果有的話，也許公司就能營造新的企業文化，讓分紅不再成爲唯一的績效獎勵，而公務車也不再被開壞。也許，開什麼車，或其他原本能強調的各種特權，比如辦公室在最高樓層且享有很好的景觀，也不再那麼重要。

愈認識自己，就愈自由，而且這是一種全面的自由。當人們認識到，他們之前覺得是必需品的東西基本上都不必要的時候，便會對自己有信心，並能夠再度信任自己。但爲了能夠信任自己，必須先認識自己。如此一來，身爲領導者所開的車，就不再成爲成就的價値表徵。內心享有平靜的人，與自己和諧一致的人，不需要一些象徵身分的東西來平衡自己所缺少的自我價値感，可以因很少的東西就感到滿足並感恩。對這樣的人而言，重要的是和自己和諧一致，和別人擁有良好關係，在朋友圈裡如此，在公司裡亦如此。

08 沒有領導，就沒有凝聚力

若要讓一家公司能承擔社會責任，就需要領導。比如，一家企業想負起環保責任，領導就是必要的，好讓公司裡的員工能對這個議題有感，對這個議題發展出一種認同。畢竟到最後，如何將這些認知付諸實現並確實執行，有賴每個人都負起責任。但首先的基礎是，公司裡要發展出「永續」這個概念。當然，公司不可以用道德化的方式去傳達永續概念，將良心不安的感覺強灌給員工。相反地，我們需要對大自然有感，還要對各種受造物培養出一種心靈連結的關係，並在這份關係中與上主的美好相遇。接著我們才能彼此討論，能用什麼方式去保護環境。在這樣的靈性氛圍之下，也可以產生有創意的想法，看看公司怎麼去保護環境不受損害。

這就是企業的社會責任，而且這份責任所包含的範圍比個人能做的大很多。公司要爲環境和社會負起責任，因爲公司內部所形成的文化亦會影響社會的文化。在公司裡從事這一切的時候，我們應該意識到自己正在對社會的人性化做出一份重要貢獻。現今的社會愈來愈成爲一個旁觀者社會，許多人一直做旁觀者卻不敢負責任。藉著在公司裡培養出一種責任意識，也能在每一位員工身上喚起爲團體負起責任的意願。而這份責任會從一個公司團體延伸到社會，最後，在這個全球化的時代裡，擴展到全世界。

領導者應激發社會責任感

一位領導者的任務在於激發其他人的社會責任感，培養其敏感度。比如，我們所執行的「再生能源」環保計畫就是如此，這個計畫讓我們能將修道院和附屬中學的碳排放減到零以下（我們修道院所使用的能源百分之百都是自產的再生能源，甚至還多出四〇%可回賣給電力公司）。多年來，我們有一個木材能源中心，一個太陽能暖氣站，太陽能發電板，以及一個沼氣發電設備，而且也將這個計畫視爲一種社會責任。的確，當初這個構想是由費德里斯院長和我提出的，但我們必須說服修道院的全體大會，不能就這麼去執行。院長也沒有說：「我們必須這麼做，因爲別人都這麼做。」而是先使所有弟兄對這個議題變得更敏感，讓他們感受到，這可以是所有人共同關心的一個重要議題。所以，責任無法用抽象道德呼籲來承擔，只有當其成爲所有人共同關心的重要議題時，才能一起承擔。

修道院有許多營業單位與工廠，因此也可被視爲是一家大企業，而院長的職責在啓發其他人，包括我們的環保計畫。院長邀請他的同學法蘭茲．阿爾特（**Franz Alt**）這位非常有環保意識的哲學神學家到修道院，阿爾特先在修道院全體大會中針對永續能源發表演講，接著我們對演講的內容進行討論。透過這種方式，這些思想繼續在我們心裡發酵。有時候，我們必須聰明一點，把自己想說的話交給別人來說。如果什麼事都自己說，也許其他員工不一定相信，但身爲一位領導者，院長一向將他的職責理解爲喚醒其他修士對當前議題的敏感度，以及身爲修道人要對哪些問題做出回應。他從來不會由上而下設定這些議題，而是將議題帶入全體大會中，讓大家能一起討論。如果他發現，所有人中只有自己有某種想法時，他就知道執行這個想法的時機還沒成熟，其他人首先需要一個改變想法的過程。

但身爲一個領導者，院長的責任就是讓這個「轉念」過程繼續進行，不可因遇到抗拒就過早放棄。抗拒總有其意義，我們必須嚴肅以對。抗拒表示我們還沒成功說服其他同事和員工，或者我們不夠重視他們的擔心害怕。**每一次抗拒都是一種挑戰**，挑戰我們去用更有創意的方式面對，挑戰我們去質疑自己的理念並重新思考。

如果只是向修士們提出各種數據，或只是告訴他們必須減少碳排放，永遠都不能激起他們對環保議題的意識。這一切聽起來都太抽象，因此無法激發他們保護環境的動機。要說服修士們採取環保行動，需要加上一些靈性的成分，也就是說，要強調所有受造物的美好，強調我們與大自然間的關係，我們也是上主造物的一分子，而這一切都是上主賜給我們的——所有這些都是說服修士們的必要元素。對圍繞在我們身邊的一切培養出一種靈性的感知才是最重要的，不是道德勸說或純理性考量。儘管有各種實際的環境災害，但只是強調如果我們不減少碳排放將會在十年、二十年內滅亡，這並不能解決任何問題。

當我們對大自然的美產生敏銳的感受時，我們也會謹慎地對待大自然。德文裡

「schön」（美麗的）這個字源自「schauen」（觀看），而且意指以充滿愛的眼光去觀看。當我以充滿愛的眼光去觀看大自然時，我就會發現它的美，而在大自然的美當中，我會認出上主的足跡，根據柏拉圖的看法，這就是最原始的美。「schön」（美麗的）這個字也源自「schonen」（愛惜、保護），美需要我們去愛惜、保護。而且只有我愛惜、保護這份美好時，它才能一直維持美好。

此外，透過我們的傳道事工，透過我們從其他地方回來的德國傳教士，或者那些來造訪我們的非洲和亞洲修士們，我們也可以獲得啓發。透過與他們對話，我可以反省自己的生活；可以檢視自己享有什麼樣的權利，其他國家的困境對我而言代表什麼。我如何能有效地提供幫助？我想幫助哪些國家？畢竟我無法拯救全世界，知道自己的限度在哪裡也很重要。但同樣重要的是，不可以只顧自己。我也將這點理解爲團體的責任：必須看到自己以外的世界，並想想可以在什麼地方、用什麼樣的形式去做一些事。形成構想並將之發展成一個計畫，這可以擴大視野並激勵我們。我們不是因爲良心不安才去做一些事，之所以做這些事，是因爲有熱情去做，或者感到自己所做的事是有意義的。

讓人們去經歷一些相遇經驗，也是一種可能的啓發方式。僅僅只是傳達這個想法本身，就已經有啓發效果。我通常都嘗試透過演講來傳達想法。在演講裡，我會提出令我感動的事。當自己被觸動時，就能夠將這種感覺和想法進一步傳達給別人，而且是以提問形式。「這些事觸動了我，你們有什麼感覺，也許你們也覺得這是一個可以關心的議題？」透過這樣的對話過程，就可以形成共同意識。

關於自我領導或領導他人朝未來的目標前進時，還應該注意一個平衡點。當我們在做某件事時，總相信這將會帶來美好生活，就像是應許一樣。就傳統意義看來，領導是朝向未來，公司應該在未來發展得更好。儘管目前我們已經擁有讓自己感到滿足的一切，我們還是想要帶領員工面向未來尋找幸福。當下與未來兩者之間該如何兼顧？

當然，我不能只夢想未來，也必須活在當下，活在眼前這一刻。但活在當下並不表示只圍繞著自己原地打轉，而是認眞處理當前事物，然後一步步踏實地走在一條不斷向前延伸的旅途上，不斷成長發展，但也必須以當下的每一個踏實腳步爲前進基礎，而不是空思妄想。

當一家公司在路途上前進時，總會有一個目標。在徒步前行當中，我們感受到並肩同行的愉快。在徒步時我們經驗到彼此之間的合作與相處，一種美好的人際關係。我們有一個目標，且這個目標連結著彼此，使我們興致高昂地朝目標前進。

公司文化，承載著社會的文化

我們再回到責任這個主題。如果一家公司裡的文化對員工有益，如果一家企業走上正確的路，這家公司的文化亦承擔著社會的文化，因爲我們要爲一個社會裡的共生與合作負責。

在我的領導課裡，我常做一個名爲「駝背的女人」練習。我先朗讀這個聖經故事，然後再和學員們一起進行練習。《路加福音》第十三章第十—十三節記載耶穌做的這件事：「某一個安息日，耶穌在某會堂裡教導人。有個女人被邪靈附著，病了十八年，腰老是彎著不能站直。耶穌看見她，就叫住她，對她說：『婦人，你的病離開你了！』耶穌用手按著她，她立刻直起腰來，然後頌讚上主。」

這個練習是這樣的：我們抬頭挺胸站著，像棵根部穩穩紮在地的樹一樣，樹枝往天空伸展。我們感受著，自己的呼吸連結天與地。接著我們垂下頭，並仔細感受這個小動作在身上引起什麼反應，然後逐漸彎下腰、頭也愈垂愈低，直到最後變成彎腰駝背的姿勢站著。我們以這個駝背姿勢在教室裡走動繞一圈，並仔細感受：我覺得如何？我的情緒有什麼變化？教室裡的氣氛有什麼變化？我對別人的感受變得如何？當我遇到別人時，我覺得如何？

一分鐘後我會請大家停住，維持這彎腰駝背姿勢站在原地。接著，我用手去撫摸一位學員的背，先是輕輕沿著脊椎撫摸，然後愈來愈用力，讓他的背逐漸挺直起來。藉著這種撫摸，這位駝背的學員會自己逐漸挺直腰。最後，我將手放在他的頭上，扶起他的頭。因爲許多人說，他們雖然已經挺直腰，但頭還是垂著。這個扶助動作有個關鍵，必須藉著輕輕的按摩引導，讓對方自己逐漸挺直腰身，而不是用強力方式拉起對方。當這位學員完全抬頭挺胸站直時，我邀請他去幫助下一位學員抬頭挺胸，於是學員們便彼此幫助對方抬頭挺胸站起來。在我看來，對領導者而言，使人抬頭挺胸是一幅很美好的圖像。如果員工們傍晚能抬頭挺胸回家，就表示我的領導是成功的，是能喚醒他人生命的。而且我們是藉由喚起他人內在的力量，讓他自己挺直腰身，而非依靠外力，這才能讓對方找到自身的力量泉源。

在執行這個練習時，我也向學員們說，能從辦公室抬頭挺胸回家的人，就不會壓迫自己的家人，不會對孩子大吼大叫，但被壓迫的那些人，就必須去壓迫別人。當我們透過自己的領導方式能使員工們抬頭挺胸時，社會的氣氛也會跟著轉變。於是，員工就不必去壓迫家人，或者壓迫從事其他職業的人或其他族群，他們反而會創造一種抬頭挺胸走路、尊重彼此的氣氛。透過這種方式，他們就能爲人性化的社會做出貢獻。公司裡的氣氛愈粗暴，社會也會變得粗暴。然而，如果公司裡瀰漫人性化氣氛，也會使社會變得更人性化。

09 要賺錢，也要有使命

在修道院裡，我們不僅注重靈感的啓發，比如修道院的環保計畫或改建工程，還注重具體的投資。理家神父每年都必須在修道院的修士大會中，公布修道院整體的資產負債表，所有人會就此一起討論。超過十萬歐元的投資必須詢問全體大會。這些問題當然也必須與策略有關：這個計畫是否值得做？對誰有益處？我們的資金夠嗎？如果有足夠資金，另一項投資是否更有意義？修道院全體人員必須一起做決定。在針對投資進行討論之後，接著就會投票表決。修道院裡有兩個委員會，事實上如果連全體大會也算的話，就有三個。第一個委員會是行政會議，院長和副院長都是會議成員。行政人員會仔細檢視某件事實際上是否有意義，是否眞的需要這項投資。第二個決策委員會是元老會議：

由十位選出的代表組成，他們會討論是否應該投資什麼項目。只要金額不超過十萬歐元，他們可以自行決定；若金額超過十萬歐元，必須由全體大會做出決定。

關於「這項投資是否值得？」這個問題，我們有特定標準。在我們的工廠裡，比如印刷廠正考慮增設某個機器是否值得。這是一項精算作業：我們得分多少年來攤提？但是，我們的靈修客房中心注重的就不是攤提問題，或者是否能賺錢，我們注重的是怎麼做才符合使命，也就是提供人們一個能暫時離開日常生活，並在靜謐中默想的空間。或者關於學校經營，我們的看法是：就獲利方面而言絕對無法賺錢，然而對於社會的未來而言，投資學校是必須的，因為學生們必須獲得良好教育。

當然，整個修道院必須擁有健全經營管理和財務狀況。我們要提供員工一個有保障的工作，所以希望整個機構營運良好。但資源從哪裡來？在我擔任理家神父的這些年，我發現只一味鼓勵大家要做更多工作來替修道院賺錢，不僅是一種極沒有想像力的做法，也不會有多大成效，這和那些因要求過多業績而使人害怕的領導者沒什麼兩樣。在修道院裡，有幾個單位是我們刻意不計盈虧經營的：學校、靈修中心，以及職工培育訓練。我們之所以這麼做，不是因為可以賺很多錢，而是因為非常重視這些單位。

幸運的是，超支部分我可以透過貸款來緩衝。我用修道院的宗教機構特質來申請低利貸款，並將可運用的貸款資金做更好的投資。但是，這種財務操作方式對於一家電器集團或旅館企業而言，就沒那麼容易。這種財務運作對我而言很重要，不是爲了盡可能賺很多錢，而是爲了去實現我們最重要的任務，也就是永續服務人群。透過貸款去投資獲利，只是達到目的的一種手段。許多修會所經營的學校已經無法再營運下去，因爲缺錢。但在我看來，保障教育事業是件重要的事。

這又導出下一個問題，也就是修道院的目的是什麼？在企業裡，人經常被當成達到賺錢目標的工具。即使我們的修道院也擁有許多企業，但主要還是一個爲修士建立的靈修信仰組織，好讓他們在院中生活並在寧靜中讚美上主，讓他們不必在恐懼中生活，擔心修道院存續，憂心到底能不能繼續這樣生活下去。修道院的另一個使命是服務人群，執行傳教使命——我們在傳教事業上投入非常多錢。至於服務人群，在明斯特史瓦扎赫修道院，透過靈修中心我們陪伴陷入各種困難的訪客並協助他們，還透過學校和收留難民來達到服務人群目標，目前有三十八位難民住在這裡。

在現代企業中，服務的想法早已消失不見。以前，如果一家公司創立者讓公司因經營不善而倒閉，知道員工無法再養家時，老闆會選擇自殺。今天也有許多家族中小企業覺得自己該爲員工負責，然而，如今愈來愈多中小型企業正面臨被那些只顧獲利的跨國企業併購的危機。由於這類併購行動，家族中小企業的文化大多流失殆盡。

在我的領導課裡，許多經理人說他們也很想在公司裡建立良好氣氛，卻無法讓企業的上級主管接受他們的建議。他們說：「我不喜歡這種只講錢的冰冷氣氛，我一點也不想這樣，我想改變，但又做不到，因爲我處於一個三明治結構裡，上有主管、下有員工。」之後，他們又舉出無數個無法改變公司文化的理由。

一個人無法使公司發生轉變

對於那些說「我不能，我不想」的人，我總是建議：「一個人無法使公司發生轉變，但你可以在公司裡找兩、三個有類似想法的人一起行動。」於是，這會形成一股力量。在聖經裡有「酵母」這個比喻。《馬太福音》中記載：「天國好比麵酵，有個婦人拿來放在四十公升的麵糰裡，最後使整個麵糰都發起來。」無論如何，我都應該抱有這樣的希望：「我們就是一匙酵母，但只要採取行動、混入麵粉中，就有機會使麵糰發酵，變成可口的麵包。如果只是留在罐子裡，那麼有一天酵母也會失去效力。」只有抱持這個希望，我才能在自己的部門裡創造另一種氣氛。但是，這樣的努力還是有其限制，必須設下「停損點」。當全部的方法都不再行得通，我認為無法再待下去時，就必須做個了斷。當然，對某些人而言，要這樣做並非如此簡單，尤其是那些已經超過五十歲的中階領導者，但至少他們應該張大眼睛留意，看看自己是否能在公司裡發揮像酵母般的作用，或者有別的公司更能讓他們實現想法。即使進入中年，還是有轉變的機會。

這時，我們就需要信心了。最上層的那位老闆眞的只是一位蠻橫專斷，眼中只有錢的人？還是在他內心還潛藏另一種渴望？我能在這一點上信任他嗎？我敢跟他談這件事嗎？但並不是用對抗的態度頂撞，而是用**相信**的態度跟他對話，並在談話中反映出他的話對我有什麼影響，我對這些話有什麼感覺。我敢信任他會明白我的用意嗎？我認為，這類對話的成功關鍵在於帶著什麼樣的態度去跟老闆說話。我心裡的想法是「這傢伙已經沒救了，根本無法跟他一起工作」；或者我心裡還抱著希望——他有一個良善的核心，基本上他也只是想達到最好的結果？無論如何，我都不能停留在受害者角色裡，這對我有害無益。如果停留在受害者角色裡，就會散發出一股負面能量，擴散到自身和周圍環境。所以我必須遠離受害者角色，並變得主動。雖然我會知道自己的限度在哪裡，但還是應該採取行動，去做一些事。與其怨天尤人、憤世嫉俗、抑鬱而終（標準受害者模式），不如想個聰明方法，放手一搏。

如同前面所說，在陷入危機時，最好去找志同道合的人。可是，爲什麼有些人在陷入危機時會被擊垮，另一些人卻能從中成長？我總是這麼說，危機是一張邀請函，邀請我們放下對自己的錯誤想像，對自己生命的錯誤圖像。如果我們願意打破這些想法，就不會被命運擊倒，反而可以打開眼界去接受各種新的可能性。可以問自己：我到底眞正是誰？我有哪些可能選擇？我身上隱藏哪些能力？我有哪些解決方法可用？但爲了找到這些答案，必須先放下舊的自我認知，放下認爲自己堅不可摧這種想法，必須接受自己也是一個會陷入危機的人。當努力去發現隱藏在這強人背後那個原來的自己時，我們才能成長。於是，危機就是一個認識眞實自己，並放下舊有自我想像的機會。然而，有些人卻太過拘泥於舊有的自我認知與形象，以致無法打破窠臼，破殼重生。

那些陷入危機並來參加課程的領導者，首要目的是想尋求協助：我可以在什麼地方著手改變？我可以在什麼事上認識自己？他們的重心已經不是賺錢，而是重新找回生命路徑。

當這些人談到危機時，通常也不僅止於經營問題，而是包括整個生命的挑戰，以及公司內外的人際關係。有時候是破裂的關係，有時候則只是有警訊的關係。舉個例子，如果公司裡一位朋友，一位志同道合的人，離開公司去創業，這就會影響雙方的友誼與信任。另一些人則有各種家庭問題，因爲他們太過專注於工作而忽略家庭。或者他們覺得自己已經達到極限，他們原本一直很喜歡，也很認眞工作，但突然間卻發覺這一切不再有意義。他們無法再推動任何事，因爲公司的結構已經改變了。這些來自外界的改變，經常是造成最大問題的因素。

如何擺脫職場創傷

於是就出現這個問題：他們失去生活與工作的方向。受傷的感覺則是另一個危機產生的因素。他們原本很投入工作，結果現在卻突然「被攆走」或「被氣走」。公司裡來了另一個人，而且還跟自己作對。我們稱這種情況爲「職場霸凌」。在我的課裡，有一個重點在如何面對這些創傷。一個受傷的人可以做什麼，好讓自己不會因這些傷害而被擊倒？

對此，我的答案是：**寬恕**。這可能聽起來宗教意味有點太濃，但其實寬恕是一種自我療癒與解放過程，寬恕包括五個步驟。

第一步是允許痛苦存在，接受自己的脆弱與痛苦。承認這個人的確傷害了我且令我感到痛苦，而不是爲了面子或自尊心而否認痛苦。承認痛苦，就是醫治的開始。

第二步是允許憤怒的存在，憤怒是將傷害我的人從內心丟出去的力量，我可以將憤怒轉化爲動力，我不要給別人這麼大的權勢來毀掉我，我可以自己獨立生活，我也是一個有尊嚴的人，我擁有自己的力量，這股力量讓我將生活握在手中。憤怒不是要我們發洩憤恨去傷害對方，而是給予我們勇氣，並加強動機脫離對方掌控。

第三步是理性分析事情前因後果。當平復內心痛苦與憤怒後，我們才能理性分析：到底發生什麼事？爲什麼對方會如此？爲什麼這件事會與我有關？這個人會不會只是將自己所受的傷害繼續轉嫁給別人？這個人心裡有不滿嗎？他在嫉妒別人嗎？所以，必須明白到底發生了什麼事。若能明白，就能守住自己。

第四步才是寬恕。德文的寬恕是「Vergebung」，也就是「給出去」。寬恕是一種雙重心理釋放。一，將因爲受傷而埋在心中的苦澀不甘和負面情緒清除乾淨，也就是從負面情緒與能量中釋放出來。二，使自己脫離對方掌控，從對方透過傷害行爲而套在自己身上的枷鎖中釋放。如果我不寬恕的話，就仍然和對方綁在一起，於是心裡就一直圍繞著他打轉，如此一來反而給予他更強、更長時間的操控力。寬恕並不表示必須馬上和對方和好，和對方親熱地抱在一起。相反地，寬恕的意思是：先放下，將這個人的傷人行爲留在對方身上，切斷他的錯誤行爲與自己之間的連帶，不需要爲了他的偏差行爲繼續付出內心痛苦的代價，並且不再給他任何權力。讓自己脫離對方的勢力範圍，並回到自己身上，回到自己內心裡。

第五個步驟是，把傷口轉變爲珍珠。在我的傷口之處，我的內心被打開了，所以可以接受眞正的自己，也學著去接受別人。於是，我就更能了解他人。也許對自己而言，這次受傷是一個機會，讓我學會以更人性化的方式去領導他人，讓我能以更敏銳的心對待他人。希臘人說：「只有受過傷的醫師，才能醫治病患。」對領導者而言，這表示：

只有曾受過傷的領導者，才能以良好方式對待受傷的員工，他們比那些從未陷入危機的人領導得更好。因此，受傷和危機也可能成爲一種契機。於是，我可以對自己說：「我曾經歷過一些很不好的事，但這也讓我從中得到經驗。這是一個寶貴經驗，幫助我更能理解別人、領導別人。」

抱著看戲心情面對無理上司

對於那些一再被上司傷害的人，我會給他這個建議：「抱著看戲心情上班，看看上司在演哪齣，但不要跟著演。就讓他唱獨角戲，不要讓上司把角色硬套到你身上。」這是一種很好的保護。所以，上司對我大吼時，我不跟著他演這齣戲，只是看他在演什麼，然後冷靜回應。常常這位上司會覺得繼續演下去很無聊，於是就不演了。只有別人也跟著演對手戲時，這齣戲才能繼續。如果我不進入受害情境，堅守自己的內心時，我就能守護自己，然後輕鬆旁觀。

於是，我就不會受傷。因爲要使人受傷（心理上）總是需要兩個人：一個傷害別人的人，和一個讓自己受傷的人。如果我不讓自己受傷，另一個人的戲很快就演不下去，不得不停下。

那些必須面對新上司的領導者們應該問自己：「爲什麼這個人，這位上司會這樣？」如果上司一直想矮化員工，一直高舉他們的權威，這是一個訊號，表示他們有自卑情結。可是我不能把上司貼上自卑情結標籤並就此把他定型，而是應該問自己：他的正面特質是什麼？我在哪些事上可以感受到對方也有正面特質？如果上司信任我的話，也許他也會有不一樣的行爲？如果我太過保護自己，我很容易就會放棄，並對自己說，我已經對他沒辦法了，這是他的問題，可是在我看來這太被動。我一直都抱有這樣的希望：對方身上一定還有一些特質，是我從外在行爲上看不到的，他同樣希望自己被愛，也想獲得肯定。如果我在他身上看到這好的一面並將它引導出來，他很可能也會有所轉變。對我而言，重要的是抱持希望與對方相遇。使徒保羅說：「我們所盼望的，是我們看不見的。」我盼望對方有一個良善的核心，即使我目前還沒看出來。若不抱持希望，關係就會僵化。德文裡有句話說：「希望是生命的最後一道防線。」意思時：沒有希望的地方，就是死亡，就是僵化。

我如何才能訓練自己保持一段距離，讓自己與事情解離，從外部去看事情？這類行為一點都不容易，因為我們大多時候很快就讓自己被扯進戲裡。只要一句話，就馬上跳到戲裡，儘管並不願意這麼做。什麼樣的技巧可以讓我們不要受到牽連，讓我們彷彿處於高處鳥瞰事情發展？並且能夠說：「好吧，我現在從外面看這場馬戲表演。」

默想是一種很棒的訓練心靈方法，可是如果我正在談話當中，就無法使用了。即便如此，堅守自己的內心還是一件很好的事。這時候，我們的雙手就可以幫上忙。可以將雙手放在腹部，並用心去感受。我感受到自己，我與自己站在一起，不隨對方的刺激起舞。在這一刻，我不讓內心對外投降，而是堅守著自己。

此外，我也喜歡給人們另一個建議，也就是耶穌的一句話：「**祝福那些詛咒你的人。**」在我的課裡，我總是讓學員做這個練習：內心默想一個傷害我們很深的人，然後祝福那個人，而且要三分鐘之久。於是，這份祝福會從我這裡流向對方。有一次，有位女士說：「我不可能做到，對方對我造成的傷害太深刻了。」我的回答是：「妳不必預想自己是否做得到，但可以先試試。」她嘗試了，並發現：「的確，祝福對我而言就像一面保護盾，我覺得我獲得力量，我不再是個可憐兮兮、難過得無法動彈的受害者。」

祝福並不是要我們不設防，好讓對方能對我們造成更多傷害。事實上祝福是一面保護盾，讓我們能夠遠離受害者角色。如果我們一直停留在受害者角色裡，就會這麼想：「那個壞人把我傷得這麼深，害我現在得一直低聲下氣，以閃躲更多傷害。」受害者身分反而提供對方繼續打擊自己的機會。然而藉著祝福，我們讓自己抬頭挺胸，並將一股活躍的能量送到對方身上。我們的能量隨著我們專注的方向流動，於是，這個動作會使我們隔天與對方相遇時變得不一樣。對我而言，對方不只是個混蛋，還同時是個蒙受祝福的人。如果我以這種態度與他相遇，也許就會發生一些不一樣的事。

當在談話中感受到對方不好相處，一直嘗試傷害自己或以不公平方式對待自己時，我們可以默默對自己說：「願上主祝福這個人。」在祝福當中，我們會接觸到自身那活躍的能量，於是，我們不再陷在受害者角色裡。也許，祝福幫助我們以充滿希望的眼光去看待對方，並看到這是一個有需求的人，一個渴望肯定和愛的人。這也可以緩解與對方之間的緊張與對立關係，然後引發一些正面回應。

10
領導的關鍵工具：具療癒力的生活儀式

我並沒有多大的企圖心，將領導課規畫成什麼特別了不起的講座。通常我會讓學員先參與修道院的日常生活，並發覺當他們進入修士們的日常生活節奏時，許多人都能從中獲益。每個人都有自由，可以按照自己能獲得益處的方式去進入這個節奏。他們不必參與修士們的每一次祈禱。

這些領導課使參與者獲益的另一點是，我盡量不去評價任何人。對我而言，學員們不彼此評價對方也是件重要的事，這可以建立一種信任氣氛。在這樣的氣氛裡，我不必吹噓自己是一位成功的領導者，我根本不必證明自己，我可以自由地做自己。這會讓這些領導者們傾吐自己在公司裡與員工，或與上司間的各種問題。他們允許訴說自己的缺點，談論自己做得不太成功的那些事。而其他人則可以分享他們的經驗，聊聊他們如何處理這些問題，說說什麼對他們有幫助，以及他們碰到什麼極限。透過這種方式，這些領導者能彼此獲益。

讓儀式中斷天竺鼠滾輪

在我的課裡，我認爲其中一個重要元素就是各種生活儀式。我總是對學員說：儀式可以創造一段神聖時間。如果我每天都有一段神聖時間，就會覺得自己是自主地活著，不是被人牽著鼻子走。每日的神聖時間可以保護我，讓我在當日其餘時間裡，不會像天竺鼠一樣在滾輪裡跑。儀式，可以中斷這個天竺鼠滾輪。

我認爲最實用的就是**晨間和晚間儀式**。許多人都認爲自己沒有時間做這些儀式，但晨間和晚間儀式其實是很簡短的，可以只有兩分鐘，這個時間是每個人都可以騰出來的。作爲晨間儀式，我們練習祝福儀式：抬頭挺胸站著並舉起雙手，手心向前，同時心裡想像著，透過雙手，上主的祝福（如果不是基督徒，也可以想像是自己的祝福）——加上我們自己的善意——流向我們的孩子和各個家庭成員。上主的祝福像一件保護外衣一樣，罩著他們。透過這個儀式，我感到自己與孩子和家人互相連結在一起。同時，我能對他們放手，並信任上主的祝福。

然後我心裡想像，上主的祝福流向我爲他工作，以及與我一起工作的那些人。這祝福會讓我用不同眼光看待自己的同事、員工和客戶，因爲我知道，今天遇到的都是蒙受祝福的人。這至少會使一天的開始變得不一樣。接著，我在心中想像上主的祝福流進工作的空間，於是，我會以不一樣的心情去感受公司裡的空間。這些空間不再是寒冷的工作空間，不再只是充滿各種衝突的空間，而是受上主的祝福所滲透的空間。因此，我可以帶著很好的情緒工作。這個儀式至少會使一天的頭幾個小時有所轉變，而且我可以盼望這種轉變逐漸持續得愈來愈久。

同樣重要的就是晚間儀式。有兩種方式：第一個晚間儀式是「放下與交託」，我將雙手在胸前捧成碗狀，好將已經過完的一天捧到上主面前。

許多人在晚間之所以無法平靜下來，是因爲一直對自己說：「如果我今天不這樣做就好了，如果我在這場談話或那場談話裡友善一點就好了，如果……就好了。」爲了避免一直繞著這種想法打轉，在晚間時應該對自己說：「這一天已經過去了，我已無法改變任何事，事實已經造成。但我懷著信心，信任上主依然會將這進行得不太理想的談話，變成對方的祝福。」這也包括已經做的那些決定。因此關於這個儀式，我會補充說：「如果不知道自己所做的決定是否正確，那就假定它是一個祝福。」這可以讓我們放下心中負擔，來結束一天。這是非常重要的，這可以終止一直用「如果……就好了」這種懊悔的做法——「如果我之前有這麼做……」「如果我能……」「如果我是……」。於是我能帶著一顆平靜的心上床睡覺。有許多人上了床後心裡還一直嘀咕不停，想著如果自己早先有做得不一樣的話該有多好，但這種做法只會折磨他們，而這個晚間儀式可以好好地結束這一天。

另一項晚間儀式是「擁抱內心的對立」：抬頭挺胸站著，雙手交叉在胸前，擁抱自己身上所有對立面。我對自己說：「我擁抱自己的強處和弱點、健康與病痛、成功與失敗、已經歷過與錯過的事、信任與害怕、已做出的決定和延後的決定。我擁抱自己內心的光明面和黑暗面，有意識到的和沒有意識到的事。」接著我心裡想像著，藉著擁抱姿勢，我保護著內心那處寂靜的避難所。在這寂靜空間裡，我不再受制於員工們的所有期望、願望與要求。在這個空間裡，我是平安和完整的。在這裡，沒有任何傷害我的話語進得來。在這裡，我是原原本本、眞眞實實的自己，我不必證明自己，我可以就這樣存在。在這裡，我也是純淨和清澈的，所有自責和罪惡感都進不來。在上主的奧祕住在內心的這個地方，我可以守護眞實的自己，並獲得像家一樣的安全感。

在晚間時回到內心，並以內心爲家，是很重要的事。在這個內心的寂靜空間裡，我會用一則古老教會晚禱詞祈禱，這則禱詞已經有一千六百年歷史了。一千六百多年來，人們的信仰經驗和生活經驗使這則禱詞變得更豐富。因此，在誦唸這則禱詞時，我可以想像：許多唸過這則禱詞的人，現在都已在上主身邊，他們站在我身後，對我說：「你並不孤單，我們在你後面，支持著你。你的生命也將會成功。」於是我說：「主啊，請進到我的心裡，並讓你的神聖天使住在裡面。願他們護祐我們平安。願你神聖的祝福時時都在我們身上，在我們周圍，在我們心中。我們奉主耶穌基督之名這樣祈禱。阿們。」

11 接納與開創

「事實已經造成。」這聽起來很簡單，卻極爲重要。公司已經是現在這個樣子了；員工們已經是目前這個樣子了。如果我接受這一點的話，我就不會放棄。我不會說：「我已無能爲力。」接受事情現在的情況而不感到惱火，是我能轉變事情的先決條件，但我不必靠自己去轉變所有事，我也可以信任上主會將現況轉變成一種祝福。

對我而言，讓自己擺脫過度壓力這個經驗很重要。我在四十年前開始進行心靈輔導的談話，或甚至各種談話時，總是給自己很大壓力。由於想盡可能把事情做好，所以在每次談話後，我都會分析：這是否恰當，這是否明智？我是否一直正確地回答對方的問題？我在談話中能夠讓對方面對他的眞實情況嗎？

雖然這種分析可以幫助我帶著更敏銳的心態進行下一次談話，並發展出自己的一套談話方法，可是事後才對每一次的談話追根究柢，只會耗費許多能量。而且最後焦點好像都只圍繞我自己，重點都只在於我是否有給人好印象。但事情已經發生，我必須信任上主，相信祂會爲這場談話帶來祝福。於是，重點就不再是圍繞著我自己打轉，而是眞的與談話對象感同身受，並讓談話的對象接觸到他自身。重點在於透過這場談話，上主使對方心中萌生一些新的啓發。

沒有絕對正確，只有明智

什麼事會在人身上形成壓力？什麼事會壓迫他？如果沒有按自己的主張做某件事，什麼事會惹得他抱怨連連？如果一個人進了一道門後心裡卻一直想著：如果我走另一道門的話，情況會變得如何——這又是什麼猶豫心態？這種懷疑、壓力、猶疑不決，從哪裡來？

之所以會如此，常是因爲自己給自己製造壓力。我們會以：只有當我完美無缺時，只有當我把所有事都做對時，只有當我不出任何差錯時，我才是優秀的。讓人有壓力的是這種內心的驅動力，要完美無缺、優秀、成功、不能出差錯。這是因爲我們會評價自己，而且會馬上評價自己所做的每件事。壓力，也來自我們事後一直思考那些已經做的決定。

許多人都想做出絕對正確的決定。歐洲中世紀神學家阿奎那說：「絕對正確的決定根本不存在，事實上只有所謂比較**明智**的決定。」今天，我們有這麼多可能性可以選擇，而可能性愈多，就愈難做決定。因爲如果我決定這麼做，等於同時決定放棄其他可能性。而且很多人難以割捨抉擇，所以寧願讓所有事懸而不決。雖然我決定不去做的事也是很好的替代方案，可是我必須放下這個可能性，必須和這個可能性告別。

我曾經陪伴過一位大學生，她以非常優異的成績從高中畢業。當時，她可以選擇攻讀任何科系，無論是音樂系、數學系，甚至體育系都可以，因此她久久無法下決定。最後，她選擇就讀醫學系。兩年後，醫學系的第一次預科考試到了，這是必須全力苦讀準備的考試。由於她覺得讀醫學系太辛苦了，於是就想「當初應該去讀音樂系才對，如此一來就可以輕輕鬆鬆地彈鋼琴了，這有多棒哪！」我對她說：「如果決定讀醫學系的話，就必須抱憾沒有去讀音樂這件事。音樂系也許很棒，可是必須承認內心的遺憾，並跟這個想法告別。」只有跟這個想法告別之後，才能全心接納目前所做的決定並勇往直前。

但這位女學生當初並沒有抱憾與放下，反而不斷後悔——「如果我當初……的話」。這種事後後悔的情況，會吸走一個人所有能量。

做出一個明確決定，一個不會後悔的決定，其先決條件是什麼？要做出一個不後悔的決定，先決條件是要有**設定限度的勇氣**。也就是要意識到「自身是有限的，我們沒辦法做到所有事，只能做有限的事」。設定限度的勇氣也與**節制**有關，也就是承認自身能力有限，只能做有限的選擇，無法全拿。

對於在企業裡的員工，這個議題也很重要。我常被問到：「怎麼樣才能確實知道，自己能做什麼，不能做什麼？如何畫下界線？如何設定限度？怎麼樣才能注意到各種層次的各種限度？」不是所有想做的事，我們都能做，但如何才能知道這點？如何意識到這點？如何才能清楚知道、精確地找出自己到底能做什麼？如何才能聚集勇氣，去做出自己想做的決定？如何才能全心聚焦在這件事上，並說出：這就是符合我的人格特質的事？

其實，重點不在於自己能做什麼，而是在**感受到什麼**：有東西進到我的生命河流裡，有東西在那裡面流動，於是我的才能也流向那裡。在感受到生命流動之處，就會生出信心，相信自己能做這件事。生命在流動，這是最重要的，於是我們又回到童年時的忘我遊戲這個話題。或者：我小時候的夢想是什麼？小時候一直想成爲什麼？夢想如何才能流入我的生命中？是否能夠說出，可能有什麼樣的職業可以實現這個夢想？無論如何，我都不能整天呆坐在房間裡，想出幾千種我可能可以做的事，想著什麼才是絕對正確的決定。我們的教育背景和成長環境一向都有各種限制。我們不可能完全隨心所欲地去找出想做的事，但我們可以細心感受，對於目前正在做的事，是否想繼續下去；或者想做不一樣的事，想選擇不一樣的生活。

最重要的是，是否能從目前正在做的事或想做的事中感受到**生命力**、**自由**、**平安**和**愛**。這並不表示這個工作現在就已經給我們生命力和自由；相反地，重點在於是否能將這份工作，與這四種特質產生連結。

一開始，我不願意當理家神父

在獲得神學和企管碩士之後，我想成爲神學家，而且也繼續攻讀神學並獲得博士學位。可是修道院的院長卻提出一個想法，認爲我應該去當理家神父。在做這個決定時，我心裡雖有一股抗拒，但還是答應了。當時做這個決定時，以下想法幫助了我：我如何用生命力、自由、平安和愛，去填滿這個相當枯燥的行政工作？我如何以有創意的方式去做那些例行工作？我如何能透過這份工作，做出有益整個修院團體和人們的事？

在我開始當理家神父時，修道院正處於一個危機當中。當時的院長嘗試用道德呼籲的方式，鼓勵修士們加強靈修。可是一味地勸勉他們花更多時間祈禱和默想，卻一點用處都沒有。而我當時的想法是：如果我能藉著這份工作創造另一種氛圍，在這種氛圍裡讓所有修士都喜歡工作，覺得自己獲得尊重和肯定，可以將自己的想法引進工作中，這也能大大提升修道院裡的靈修風氣。因此，在我開始轉念後，這份行政工作漸漸爲我帶來樂趣，對於我當時能走上這份工作的冒險之旅，我心裡非常感恩。

對於等著我們去做的工作，我們無法只在原地進行抽象想像，況且有些工作內容是已經規定好的。但我們必須問自己，這規定好的部分是一種限制嗎？會束縛我嗎？這是我必須擺脫的束縛嗎？或者我可以重新塑造規定？我可以將自己的想法引進交付給我的工作，並藉此使我所處的環境有所轉變嗎？

這又帶出其他問題：我在哪些事上受到規定？也許這是爲了配合別人對我的要求？而在哪些事上，我可以完全做自己？我如何以適當尺度在周遭環境活動？我如何在這個環境設定界線？

連結關係屬於保持適當尺度的一環。一方面，我與他人有關係並歸屬於團體，所以我也必須以某種方式配合團體。但另一方面，我想要自由，做我想做的事。但此兩者很可能互相抵觸，所以在這時，適當的尺度是什麼？我在哪些事上容許展現個人特質，在哪些事上得要有特定界線？

團體也需要有系統的組織型態，不可毫無章法。就這點而言，許多人把它稱爲「規範」，而我比較喜歡稱之爲團體中所存在的規則，以及對我們有益的各種形式。這類對我有益的形式，就是各種「儀式」。

我之前已經談過個人儀式，但一家公司爲自身所發展出來的各種儀式同樣重要。有研究指出，那些放棄儀式的公司，業績也跟著下降。就像前面說過的，儀式是表達一些從未表達之感覺的所在；而且儀式還可以創造一種家庭認同、公司認同。

透過這種方式，儀式使員工們連結在一起。經由一些在儀式上的個人所表達的話語，員工身上的能力得以被喚醒，否則這些能力會沉睡，因為從來沒有被激發過。因此，請員工一起考慮他們想在公司裡進行什麼樣的儀式，是很重要的。什麼樣的儀式適合用來慶祝同事生日？什麼樣的儀式用來慶祝公司周年慶？公司裡某位同事的親人去世時，可以執行什麼樣的儀式？這類儀式是尊重員工的一種訊號，而且儀式也是讓員工們以新的方式感受到彼此連結的所在。再次強調：沒有章法，團體不可能存在，人與人之間不可能相處。我和團體之間的適當尺度是什麼？關於這個問題，答案是：**我能夠一起形塑這個團體**。當然，團體也有一些已經規定好的事，我不能一開始就完全重新建立。

關於成規與形式，我想再舉個例子：我曾經陪伴過一位女士，她的人生夢想一直是接手經營父親的汽車經銷公司。而這個夢想也實現了，有一天她眞的接手經營。但在兩年後，她覺得自己其實沒有興趣，不想再經營公司，她覺得這不是自己眞正想要的。在與她談話當中，我發現過去兩年裡她一直以父親的期望為準，一直想滿足父親的期望。於是我對她說：「我相信，這家公司是妳的夢想，可是妳必須留下個人的印記，這樣經營才能為妳帶來樂趣。」如果只一味滿足他人期望，只會消耗掉我們的能量。

12——員工的自我實現與企業需求

領導者經常想知道，他們可以做什麼——不僅爲了認識自己，還包括要做什麼樣的事——好讓員工的個人特質能融入企業裡？於是，所有能被客觀評價的素質和特徵都被塞到徵人啓事裡，而公司裡則有清楚的階級制度；於是，剛開始時個人特質根本不具任何重要性。最多是在求職面試時，主管們才會想知道，求職者還想追求什麼其他人生目標。當然，這也是顧及到個人特質的一種方式。因此我想在此說明，我們如何想辦法將每一位弟兄的個人特質，以合適的方法帶進修道院的日常生活中。

個人意願和團體需求的調和

來到修道院的年輕學生首先會跟院長或負責學生的導師談話，其內容主要關於個人對自己的生命有什麼計畫。「你現在進到修道院了，心裡有什麼感想？」這是我們會提出的第一個問題。其他問題還包括：「你喜歡什麼？」當然，也會談到個人對團體的關係，他在團體中有什麼感覺，我們能如何幫助他融入團體。

重要的是，我必須慢慢誘發這些個人的想法，而不是馬上對他說：「從明天開始，你要做這些、那些工作。」在四、五十年前，我們修道院裡當然也是如此，我自己就有過這樣的經驗。「明天開始你就去牛欄裡工作，而你則去蓋房子。」在今天這是無法想像的，如今我們會詢問每個人的意願。但儘管如此，對方也不能隨意選擇自己正好想做的事。**無論在修道院或企業裡，都必須讓個人表達自己的想法，並在談話中說出他對公司有什麼看法，以及看看公司如何將個人的能力配合公司需求**。這兩者都很重要，不能絕對接受個人的願望，但也不能絕對以公司需求為依據。如果我隨便將某位員工塞到一個位置上，他會覺得自己沒有受到尊重，他的職務必須適合他才可以。他必須確實感受到，上司有認眞思考什麼工作適合他，但他自己也有責任去爭取能在其中成長的職務。

我們修道院裡沒有典型的階級制度，沒有固定的職務描述或徵人啓事。即便如此，我們還是有各種安排。許多人問：「如何具體安排每個修士的職務與責任範疇？」「學生會透過試用期而找到自己在院中的位置嗎？」

首先，我們要測試的是他的靈修生活是否恰當。一開始，重點不在決定讓他擔任某種職務。當然，我們也想知道進到修道院的人有什麼樣的教育背景，有什麼樣的能力？他想繼續往這方面發展嗎？他的天賦是什麼？在這裡，他可以投入哪方面的工作？有些人想在修道院從事跟原本職業完全不一樣的事。不久前，一位歌劇男演員來到修道院，而我們審愼地思考了他的情況。這位男士一定想做一些和音樂相關的事，但據我所知他並不想當老師，所以音樂教師這個位置就完全不適合他。但也許他可以參與一些音樂活動，帶領合唱團或類似的事。而關於這點，他自己也已經表達一些想法。這種轉換過程既緊張又有趣，因爲我們可以從中學習並看到「放下」與「開創」之間的張力，而在這過程中又衍生出什麼樣的想法，是什麼觸動了這個人。

關於自己的職業生涯，我原本的願景並不是當理家神父，而是做一位神學家。但當時的院長卻說：「親愛的安瑟[8]，理家神父這個人生課題，現在屬於你的了。」剛開始時，我心裡的確有很大抗拒。在接過這個職位的頭兩個月裡，我必須耐著性子和各家不同的保險公司開一次又一次的會，還有無數個其他類似的會。過了兩個月，我去找院長說：「這麼無聊的工作不適合我。」對此，院長的回答是：「決定權在你，但請再考慮一次。」我接受這個建議，接著深深感受到，我承擔了一個責任。

在和院長談完後，我也和費德里斯神父談了我的問題以及院長給我的建議，也談到我內心的抗拒，以及感到自己承擔一個責任這種體會。費德里斯神父同樣認爲，我所擔任的職位非常重要。他說：「有了錢，就有權，無論是正面或負面而言都是。你可以用錢去阻止一些事。你也可以不斷地說『我們沒有錢，這些事都行不通』。或者你可以用錢去做一些事，創造一些生命中的好機會。」

這席話讓我有了不一樣的觀點。此外，對我而言很重要的一點是，院長把選擇權交

8：古倫博士的修會教名。

給我。以前，只要修道院一宣布：「這是上面的決定。」就沒得選擇；但這一次，卻是我自己決定繼續留在理家神父這個職位上。

由於我在修道院裡，有機會以這種方式深入思考心裡出現的各種想法和遇到的各種困難，這也絕對是人們喜歡在我們這裡工作的一個原因，因爲他們覺得自己會獲得接納。當然，也還有一些人按照古老的系統行事，但已經非常少了。無論如何，就我的情況而言，透過這些談話，我領悟到一些使我能更堅強地自主做出決定的因素，並因此能放下原本的打算。好吧，其實我並沒有完全放下對神學的熱愛。雖然我沒有很多時間，但只要是我熱愛的事，就會在我的生活中找到一席之地。於是，即使行政上有許多工作要做，我還是寫了很多書。只要有興趣做的事，就一定找得到時間去做。

如果我的工作，不符合個性

除了歌劇演員之外，修道院裡還來了一位牙醫。這位牙醫除了醫學之外還同時攻讀神學，畢竟他當時的願望是進入修道院。但他不想在修道院裡繼續從事牙醫工作，對他而言當時讀醫只是一種義務，而現在不想再跟這個義務有任何關係。儘管如此，在我們上一次的守齋課程，他還是擔負起醫生角色，讓他再次運用醫學方面的才能。但除此之外，他一般負責的是在心靈關懷談話中陪伴他人。

和那位歌劇演員差不多同時，有位律師進到院裡。他當時明確表示，他並不是典型律師，比較像是一位學術型的法律學者，所以可能會決定做行政方面工作。其實，所有想留在修道院裡的人，第一年都只做非常普通的工作：照顧花園、打掃房子，或在廚房幫忙。

我常被問到：「對於一個發現自己所做的工作不符合自我人格特質的人，您有什麼建議？」這種情況是很有可能發生的。因爲，如果一個人愈看重自我人格特質，並依此標準去行事的話，很可能會發現到目前爲止所做的一切，並不適合自己。

我在各個課程和個別談話中都談過這個主題。想有所轉變的人必須先思考：如果我的社會地位下降的話，我會如何面對這種情況？如果賺的錢變少的話？我的家人會如何看待我，別人會如何看待我？當然如果這件事眞的適合我的話，我就必須非常堅強，並對外堅持自己的決定。然而，我還是得先考慮前面提到的那些問題。許多對工作不滿或想放棄的人，都沒有考慮到後果，但我們必須注意這些問題。我能面對這樣的後果，繼續生活嗎？錢賺得更少，變得沒那麼體面？

前一陣子，在一間大保險公司上班的一位軟體工程師告訴我，他研發出一個讓業主賺了很多錢的軟體，可是上司卻用了很奸詐的方式偷走他的成果，讓外人看起來是上司自己研發的。這位員工想對這點提出抗議，也對上司表達他的抗議。可是上司卻很生氣地對軟體工程師說，他的抗議永遠都不可能成功，如果這位軟體工程師公開這件事，身爲上司，他會告知所有保險同業。問題來了：該屈服並繼續服從上司，還是該堅持自己的立場？結果這位軟體工程師堅守自己的立場並辭職。從此以後他賺的錢變少了，但對他而言，眞實做自己並且不讓自己折腰是更重要的事。可是要做到這點，他需要自信——我之後還會回到這個話題。我可以不那麼依靠形象生活嗎？我眞正的自己有強大到讓自己能好好生活嗎？如果答案是肯定的，這些人必定就能找到其他浴火重生的機會。

如果有人對自己的工作感到不滿意，我總會建議他**先改變對這份工作的觀點**。當我帶著內心自由的前提工作；當我能夠專注於能在公司中推動的事；當我憑著自己的工作能力在公司裡建立自己的專業領域時，我會感到如何？這是我們應該走的第一步。但是，若在一年後還是感受到，在公司裡嘗試忠實地盡力而爲卻還是不成功，且身體和心靈也在抗議時，那就該是時候去找別的工作了。但我們不應該太早放棄原來的工作，因爲如此一來，無論去哪裡，問題還是存在。所以，必須思索即便在新公司，是否還會出現像現在一樣的不滿？

13

企業如何識人，找到對的人

到目前為止，「責任」一詞已出現許多次，在此，我所謂的責任也包括企業對社會的責任。現在有愈來愈多人很年輕就變成噤聲不語的旁觀者，不敢表達自己的感受。由於他們不想傷害自己，於是便選擇遷就。聖經記載耶穌醫治一個手部萎縮的男人的故事，讓我們看到這會造成什麼結果。

有個男人，由於害怕自己會受傷，所以不斷遷就眾人，且一直只停留在旁觀者角色。耶穌看到這個人，要求他站到中間來，告訴他，他應該自己面對生活，不要只做個旁觀者。接著耶穌要求他：「伸出你的手來！勇敢去面對你的生活，將你的生活握在自己手中。」

問題是，公司可以用什麼方法，鼓勵那些不願面對風險且只想一直做旁觀者的員工，轉變成願意爲自己和他人擔負起責任的人？另一個問題是，公司該如何幫助員工在人生路上找到自我認同，並有勇氣去找到自己的個人特質，自己的獨一無二之處？

企業有培育員工責任

在我們的學校艾格柏特文理中學裡，總能看到一個現象：學生們必須在校補學原本應該在家裡就學會的事。其實在許多學校裡都有這個現象，之所以會如此，是因爲家庭沒有負起幫助孩子發展個人特質這個重要任務。他們缺乏教養、缺少關懷、缺少肯定，結果學校必須補做這些重要的發展步驟。而企業裡也有類似經驗，很多公司常常發現，學校或職訓的學生幾乎沒有培訓出什麼完整的個人素養，我所指的不是知識方面的養成，而是人格養成。部分年輕人還失去對自己的信心，這比缺乏人格養成更糟。

關於這點，我認爲企業必須認清自己也有培育員工的責任，這是很重要的。當然，公司不能補足員工所缺乏的每一個方面，然而公司仍然可以致力於幫助員工認識自己，發現自身的人格特質並發展。培訓員工成爲認識眞實的自己，可以從讓他們遵守一些明確和良好的生活態度與行爲模式著手。好的生活態度與行爲模式可以形塑個人人格，並使他們接觸到自己眞正的本質。一個活得渾渾噩噩的人，是無法掌握自己本質的，也無法活出自我。**公司所規定的明確規則，也可以是員工自我發展路上的一種幫助。**

但重要的是，個人要願意做自己，要對自己有信心，不是去遷就別人、自我設限，也不是依賴外在事物。許多人只依靠社會上流行的標準來生活，例如注重穿著名牌服飾或擁有3C等高科技產品。爲了對抗這點，公司要幫助員工找到自己，這很重要。工作也是感受自己的一種方式，在工作上獲得成就感就是一種重要的自我肯定，於是個人便發現自己可以成就一些事，受到肯定，被人注意。讓員工有勇氣，並協助員工對自己有信心，這對企業而言是一項艱鉅的培育任務。

在修道院裡，我們自有一套做法，以免受世俗生活影響。我之前提過，對於想進修道院的人，我們會跟他們進行多次談話。不僅要和學生導師談話，而且還有小組談話。只有這樣，我們才能判斷此人是否適合我們的修院團體。我們會藉由談話來觀察這個人：如果團隊中出現衝突，他會如何應對？這個人是一個比較要權威的人，或是一個能和其他人和諧相處的人？與人相處時會揭露出許多人格特質，而且在團體中我們才能修正他們。有時候，如果我們認爲某位弟兄需要諮商師的陪伴，我們也會尋求外界的協助，但這位弟兄也必須自己判斷修道院是否適合他。

我們有一位弟兄被診斷出有強迫症，還因此接受治療。我們與負責治療他的那位心理師討論，修道院裡的生活到底是否適合他，因爲很可能修道院的團體生活會帶來反效果，但這位心理師認爲，修道院裡的生活對他正好有療癒效果。我們知道這其中一定有風險存在，因爲我們並不是某些疾病的專家，但接著我們認爲，也許可以透過給予支持來幫助他，於是我們也這麼做了。他不一定會發展成一位強者，但對他而言，修道院可以是一個持續性的支持。我們告訴他，修道院不是一個讓他退縮逃避的地方，而是幫助他和我們一起成長。

主管們也會問我，在徵人時該注意些什麼？他們應該只看專業能力、分數，或只看外表？如果他們只憑可以存到電腦裡的東西來選擇員工的話，這些主管就是把重點放錯了。如果他們也能信任自己的直覺，這就會有很大幫助。

腹部是最容易反應出「直覺判斷」的部位，特別是針對人際關係，因此德文裡有個

「直覺」的同義詞：「肚子的感覺」（**Bauchgefühl**）。這是一種非常奇妙的連結，但卻有其合理性，也包含人類的傳統智慧。心理學家說，在腹部有許多神經叢連結大腦掌管社交能力之處，即掌管人際關係的區域。我們每個人都有過這樣的經驗：如果關係出問題時，胃部就會不舒服。或者當對方的行爲讓我們懷疑時，肚子就會發出警訊，透過「肚子的感覺」提醒我們注意，我們是否和某個人有良好關係。就面試、談判等人際關係領域，加上直覺判斷，會比只以專業能力來考量更周全。

最重要的是我們要知道，我們打算徵用一個什麼樣的人？他有什麼樣的想像力？他給人什麼樣的印象？我們無法測試一個人的人格，但**第一印象**常常很重要。我相信他可以做什麼？如果他適合這個職務的話，他也可以因此而發展自己。如果我肚子的感覺告訴我，這個人很適合我們，那麼我也一定能在公司裡找到一個讓他可以一展所長的位置。如果主管只看成績（比如數學很厲害），這並不能保證在公司陷入困境時此人會和公司一起共度難關。肚子的感覺會告訴我，這位員工是否能融入這個團隊，是否能融入公司。這種感覺比單看他的專業能力重要許多，因爲如果只強調專業能力，很可能他是一個氣量狹小並堅持已見的人，也許會和其他同事處不來。

萬一雇用了，卻發現不適任

此外，萬一雇用了一位員工，但事後又發現不適任時，我們也必須心裡有數，他不會自己提辭呈。或者他的工作合約是長期的，所以無法輕易辭退他。費德理斯神父就曾經在三、四年前針對這個主題舉行過一場演講。在這場演講裡，他所探討的是這個問題：「我如何領導我無法辭退的人？」在修道院裡，我們也有類似情況：對於那些不按照團體理念行事的人，該如何面對他們？在通過學生階段之後，有人會說：「我現在已經通過考驗，已經跨過這個門檻，所以可以高枕無憂了。」

不過，我們的測試方法不太適用於一般經濟社會，因爲我們的測試時間不是只有三個月或半年，而是更長。在我們這裡，最短也要六年後才能決定是否能「一輩子」留在修道院。在當學生兩年後要發初願；再過兩年第二次發願；再過兩年，即在第六年，第三次發願。只有在那之後，才發最終的終身誓願，正式成爲修士。當然，即使在六年的測試之後，還是有一些弟兄在對上主發出公開誓願後才出現動搖。這時，院長就會和他進行談話，內容主要是：「你到底怎麼了？是什麼在阻礙著你？」在這種情況裡，我們必須審視爲什麼他不想在修院團體活動？有哪些原因造成這種情況？我們該做些什麼？我們忽略了什麼？我們自己做了什麼，使得他有這樣的想法？團體也會形塑個人，人不會一直保持原來的樣子。

對一般企業來說，我們有個做法或許可以成爲領導者的參考：在身爲學生兩年後，那些還想繼續留在修道院裡發誓願的人，必須向元老議會介紹自己，他要敘述自己這兩年來的情況，他做了什麼工作，在心靈成長上爲自己做了什麼努力。他還要陳述，是否能想像自己在修道院的未來是什麼樣子。所有這些主題都會在元老議會裡談到，之後我們會讓這位學生先迴避。接著學生導師進來，並從他的觀點去報告他對這位學生的看法，這位學生的發展情況，他身上有哪些潛能等。沒有人是完美的，可是如果學生導師認爲這位學生能夠繼續成長，就會進行表決。先是元老議會裡的十位弟兄進行表決，接著是修道院全體大會所有弟兄進行表決。這等於是整個團體都參與其事，不是只有一個人在決定這位學生的未來。這位學生必須獲得絕對多數的贊成票，才能進行發願。

14 決策的自由，就是創新的自由

關於投資，我之前敘述修道院裡是怎麼做決定的。但對於個人在修道院裡的行動，每個人有什麼樣的決策自由？也就是說：他可以做什麼？允許做什麼，不允許做什麼？我們修道院裡有什麼規定？在此我不細數出所有的領域，但對企業領導者而言，工作上的自由是一個重要問題。

團體中的自由

我當理家神父期間，常碰到有些弟兄想參加外面機構的進修課程。比如有位弟兄需要獲得榮格心理學方面的相關知識。這種事情是院長做決定的，他會仔細思考，獲得或進修某方面的知識是否對某位弟兄有益，是否對整個修道院有益，對修道院而言是否是一種祝福。個人的願望只能透過談話來進行評估，沒有絕對標準。藉此，可能也會產生一些之前從未嘗試過的新辦法；也很有可能，我們會因此發現一個新的漏洞。每個人都會將新的事物帶進團體裡，而有些團體的行事方式就只一味地堵漏洞，但如果我一直用員工來堵漏洞的話，這種做法是致命的。

當然，領導者的職責也在於篩選個別員工的想法。如果有一千個願望出現的話，不可能所有願望都得到滿足。不是每個人都可以參加主管進修課程或適合當組長，即使對方不一定這麼認爲。因此，問題是：我該如何協調整體情況，好讓它對個人有益？我如何能肯定個別員工的成長狀況？

這關乎到團體生活中的自由。比如，修道院裡每個人都必須參加集體祈禱，但總是無可避免地會有些例外。如果我前一天在別的城市演講或剛從韓國回到修道院裡，而且是半夜才回到房間的話，我就會睡到隔天早上的五點四十五分而不是四點四十五分。這是關乎健康的問題，我可以自己決定這件事，其他弟兄或院長也知道我的狀況，他們信任我的原則，因此也不會過問我的缺席。只有那些經常沒什麼理由又睡過頭的人才會被詢問：「你爲什麼沒有參加集體祈禱？」這些人就會感受到團體給他的一點壓力。當然，有些人有時候身體比較衰弱而需要比較多的睡眠，這時我們會跟這位弟兄溝通，但不可以經常有例外。

我們修道院裡一年有兩次所謂的「認錯會」（Culpa），大家在會中談談過去半年來的情況。這也是一個可以表示道歉的機會，所以有些弟兄就有機會因最近常缺席，沒有參加集體祈禱而道歉，或者爲其他事道歉，比如可能做出一些有損修院團體財務或形象的事。

年度視察、認錯會——這些都是讓大家反省自己的機會，以便知道我們的組織情況如何，以及我們能一起做哪些轉變。除此之外，還有每月聚會一次的「十人小組」（Dekanie），這是由八到十個人組成的小團體，我們總共有八個十人小組。當中年齡最長的，即七十歲以上的修士，參加的是長者十人組；最年輕的十人組由學生組成；其餘六個十人組的成員則透過抽籤決定，好讓每個十人組裡都有年輕人和年長者在其中。經驗告訴我們，當年輕人和年長者混合在一起時，這個團體比只有年輕人組成時更穩定。

同年齡者之間會有許多競爭，而成員年齡混合的團體則平衡多了。此外，我們還有每年年初為期三天的全體大會。在這幾天內，全體的修士會針對不同的主題進行反省。是什麼扶持著我們的團體？我們從什麼源頭汲取力量，接下來會怎麼樣？我們的願景是什麼，可以用什麼方法實現這些願景？

不能整天討論，卻沒結果

我們也會問自己，與每日工作相比，我們在會議頻繁度方面是否適當，這也是在企業裡常見的一個問題。在某些公司，整天開會開個不停，使得有些人一整天就只有開會而已。這根本就不是正確的工作節奏，尤其是如果開完會都沒有什麼結果，甚至連一個決定都做不出來時，那就更是浪費時間。我們不能整天都在討論，卻沒有任何結果，這會令人非常沮喪。在我還在負責行政職務時也常常開會。有些建案會議是每個月開一次，這是適當的。常常有些人只來進行任務報告，但那最多也只是一個半小時，不會更久。開會必須有固定時間長度，如果有人說需要更長時間，我就會告訴他們：「你們的思考速度得快一點。」

我們必須參加大多數的團體聚會，尤其是十人小組的聚會。而元老議會則是每周召開一次，會中討論一些關於修道院全體成員的事。但由於院長不是時時都在，所以每年大約只開會二十次。修道院全體成員的會議，則一年固定有五到六次。當然，我們還有各種專門委員會，其職責在於審察或監督追蹤各種事宜，比如我們有一個「修道院文化風氣委員會」（Stilkommission），功能是注意整個修道院的作風是否恰當；此外我們還有一個建築工事委員會，一個學校委員會，和一個教育培訓委員會。在所有這些委員會裡，重要的就是注意整體氛圍，如果我們發覺這個委員會已經占據我們太多時間，使我們花費太多精力在開會上，就必須重新調整，以便找出如何爲自己設下限度的最好方法。

企業需要不斷創新，修道院也是

沒有任何一個企業能夠不靠創新而存活，這項法則亦適用修道院。我們必須一再思考要保持哪些原有的結構和目標，在哪些事上必須創新並找到新的路，好讓修道院能在財務上永續經營下去，並迎向一個美好未來。

我們必須注意，不要把一切都視爲理所當然，不要養成一成不變的模式。我們必須讓自己像每個企業一樣發展，讓自己接受啓發，並繼續向外拓展。

爲了讓我們的工廠不要一直守著老舊技術，而是能跟上最新技術水準，我們會與手工業同業工會和其他公司進行交流。專業期刊也是我們汲取資訊的一個來源。

當然，創新也涉及修道院本身的生活。我們會針對一些禮儀進行討論：這些禮儀還適當嗎，或者我們必須做點不一樣的事？隨著一些不滿情緒的產生，必定會有人提出各種質疑，因爲只是維持現狀並不是解決問題的方法。我們的日常規則該有什麼改變嗎？對於來自社會的需求，我們該如何應對？

隨著大量難民湧進歐洲，我們也討論過這個問題：該如何因應這個情況？結果，我們決定收留一些難民。由於我們的目標是服務人群，所以這不是什麼大問題。我之前已提到過我們的環保計畫。還有很多想法有待我們去討論，因爲一個團體不可因其成就而自滿，佇足不前。在瑪麗亞拉赫的本篤大修院曾經是一個模範修道院，但這家位於茵蘭──普法爾茨邦的修道院模範生如今卻陷入危機，因爲它不再創新，而且修道院全體成員陷入紛爭狀況。

爲了讓某些情況發生轉變，爲了讓整家公司發生轉變，引進人性化的面向是必須的，我尤其建議中小企業這麼做。我之前提過一位常來我們修道院裡的漢諾威牙醫，他的診所裡有五十名員工，不久前我還爲他的員工辦過一個課程。這些員工之間有非常良好的工作氣氛，員工們都非常有朝氣。其中一位主管告訴我這件事，他覺得：「如果員工都處在這麼好的職場氣氛裡，毫無疑問每個人的未來都能得到很好的發展。」另一些牙醫同業卻向這位底下有五十名員工的牙醫抱怨，說他挖走自家最好的人才。這位牙醫回答說：「不必跟我抱怨，想辦法改善你們診所的氣氛吧，如此一來你的人就不必再跑到我這裡來了。」

15 世代交替、薪火相傳

許多中小企業，尤其是家族企業都面臨世代交替，也就是「傳承」問題。世代交替必須要有很好的準備。爲了讓世代交替能夠成功，我想在此描述一些關於世代交替必須注意的基本原則。基本上，世代交替最重要的主題是「傳與承」。成功的交棒同時關係到「傳與承」雙方，且同時也有一些必備的交棒和接棒基本原則。

交棒問題

首先談的是客觀上的問題：公司老闆不放下職權，或只是心不甘情不願地放下。雖然把公司交給接班人，卻把持權力不放，這種情況尤其會發生在家族企業。父親無法眞正放手，還想繼續插手公司事務，而且不甘將公司交給兒子或女兒，之後還常到公司裡到處走動，詢問員工們過得好不好，對新老闆滿不滿意等，甚至還常常命令接班人該如何做決定。這種做法等於在扯接班人後腿，削弱接班人的地位。只要長輩還插手公司事務，年輕一輩就無法眞正領導公司，完全無法發揮自己的力量。

另一個問題是，父親對接班人有很高期望，可是如果接班人太過注重滿足前任老闆期望，就必定失敗。如同前文所提到的，有位年輕女士接手經營父親的汽車公司。她大學就讀企管系，接手這家汽車公司是她的人生夢想。可是在父親將公司交給她之後，短短兩年她就失去經營這家公司的興致，覺得自己已沒有工作動力。在談話中我發現，她太過執著於滿足父親的各種期望，結果父親的期望削弱她的自信與興趣，奪走她所有的能量。於是我告訴她：「妳必須在公司留下足跡，必須按照自己的方式經營，這樣就會重新獲得力量。」

另一個問題是，前任老闆沒有好好幫助接班人了解公司狀況，並把一個充滿問題的公司丟給接班人。長年以來前任老闆都沒有解決公司裡的問題，讓衝突繼續悶燒，如今將所有未解決的問題和之前掩蓋的衝突統統交給接班人，而且甚至可能還在一旁幸災樂禍，看著這些衝突使接班人焦頭爛額。例如前任的領導風格一直很慷慨，滿足員工所有願望，卻對公司面臨破產的風險視而不見。當接班人指出公司瀕臨財務危機時，前任就把錯推到接班人頭上，說他自己還在任時一切都沒問題，錯在接班人身上，是接班人把公司財政搞砸。前任用這種方式阻撓接班人，使接班人無法好好整頓公司；員工也因爲利益衝突而與接班人作對，覺得他不會經營公司，以前的一切都比較好。

還有一個問題是，如果前任領導者打從心底輕視接班人，不認爲接班人能夠勝任，就會不知不覺以各種言語、行爲來矮化接班人，例如會對員工暗示接班人沒有領導能力。即使前任老闆在員工面前表面上護著接班人，但員工們仍然感受得到前任對接班人的眞實看法，也會無形中接受前任老闆的看法，於是他們就會不信任新老闆，而且以後也無法對他建立信心。

如果長輩或前任老闆是一個非常強勢的人物，這也是一個問題。如此一來，接班人根本沒有機會趕上他，而員工也會一直懷念那位強大的領導者而覺得惋惜。於是這種緬懷過去英雄風雲的氛圍就會癱瘓接班人，削弱他的公信力。員工一直拿接班人跟前任比較，繼任者根本沒有機會在公司一展長才，所有他做的事都會被比較、貶低。

有些前任老闆會嫉妒接班人，因爲繼任者更成功或使公司內有更好的合作關係。前任不會公開展現嫉妒，卻一直透過貶損或嫌棄接班人所做的一切來透露自己的嫉妒。在和員工談話時，前任老闆會一直暗示，在他任內公司發展得比較好，而且和員工之間的關係也比較好。於是，前任老闆的嫉妒心在公司裡就會散播一種有毒氣氛。

另一個問題是，企業內沒有足夠的時間好好進行交接過程。前任老闆只是表面讓接班人認識公司情況，只交待表面上的事，卻沒有傳承經驗和智慧，也沒有告知接班人公司裡眞正的問題和衝突所在。所以，交接需要有完善規畫，和開放、誠懇的交接文化。

交接時的另一個問題是前任老闆的心理狀態。前任老闆個人的問題常在不知不覺間轉移到接班人身上。有一家公司，身爲老闆的父親基本上對所有人都不信任，連子女也是。當兒女們一起接管公司時，父親的不信任繼續在子女之間製造衝突，導致兒女們彼此也不信任。而且父親的不信任在家庭裡所造成的分裂，也繼續在兒女間製造分裂，因此也使整個公司陷入分裂。這位父親不僅挑撥子女，讓彼此作對和分裂，也挑撥員工。身爲接班人，這位老闆的子女所面對的難題是，如何修復公司裡的分裂及人與人之間的不信任狀態。為此，他們需要外界協助，否則根本無法克服。

有一位女士經營一家大公司。她有兩個女兒，但她在世時經常讓兩個女兒彼此作對，在她們之間製造分裂。在她去世之後，女兒間的戰爭繼續下去，兩人簡直水火不容，其中一人在公司員工面前使另一人難堪。這當然對公司造成損害，於是母親對兩位女兒的負面教育繼續強化女兒之間的敵意。

交棒的正面原則

什麼是成功的交棒？聖經裡有兩個故事讓我們看到，摩西和大衛分別如何交待他們的接班人約書亞和所羅門，如何引導他們上任。

摩西將手按在約書亞頭上，藉此將自己的精神傳給他。上主還清楚命令摩西如何引介他的接班人：「你要將手按在他頭上。你要叫他站在祭司以利亞撒和全體會眾前面，當著他們，在那裡宣告他是你的繼承人。你要把你的權力分給他，使以色列會眾服從他。」這是一個清楚又良好的交接。接班人在祭司們和整個以色列會眾之前獲得完整的權力交棒，以及未來他該做什麼的指示。如此一來，全體會衆也清楚知道這位新領導人有什麼才能。而且摩西就此退下，好讓全體會衆聽從這位接班人，摩西也將自己長年來透過工作所贏得的權威分給他。這是將公司的責任交給接班人的一個美好形象，將自己努力工作所獲得的一切，知識、權威、地位，都交給接班人。

大衛也將自己的國王權威交給兒子所羅門，而且同時還給他**清楚的指示和勸勉**。他對所羅門說：「你要剛強，做大丈夫。你要遵守上主——你上主的命令，順從祂一切的法律誡命，就是那記載在摩西法律書上的命令。這樣，無論你到哪裡，你所做的每件事都會成功。」而且大衛還將建造聖殿這個任務交給所羅門，這是他原本打算要做的事，他甚至幫所羅門備好建造聖殿所需的建材與資源。交棒很成功，所羅門也因爲他的智慧而表現得非常出色，所有人都讚賞他的智慧。但接著所羅門卻變驕傲了，還讓自己受其他邪神誘惑。所以，交棒成功並不能保證接班人會一直表現得很好。如何與權力打交道，是接班人自己的責任。

良好的交棒還包括這個原則：**信任接班人**。但也要好好聆聽自己的內心，看看自己是否有選出正確的接班人，是否信賴他有這個能力，還是選他做接班人對他其實是一種過度要求，反而使他不快樂。父親通常會想：「除了兒女之外，沒有別的接班人了，所以他們必須學習如何接手這家公司。」但父親也不可以挑一條對自己最舒服的路來走，而是必須問自己，是否相信兒女能勝任這個工作，還是這是在苛求他們。如果是後者，將公司交給專業經理人反而是比較務實的做法；或者兒女在領導公司方面需要先有良好的教育和培訓。

另一個基本原則是**放下所有權力**。交出公司的人必須清楚知道，自己要放下所有權力。曾有一位父親邀請我去他的公司演講，而他已經把公司交給兒子。在和這對父子聊天時，父親非常誠實地說：「將公司交給兒子並放下所有權力，是我自己明確願意的。可是當員工和客戶們經過我的辦公室不走進來，而是去找我兒子商討業務時，我心裡就覺得不痛快。於是我發現，眞正放下並不是這麼容易的事。對我而言，這是一個必須克服的人性挑戰。」

爲了讓接班人能夠成功，前任必須眞正放下所有權力，但同時還應該隨時準備好在接班人來問他問題時，提供建議並以實際行動支持。由一位教練或企業顧問陪伴這個交接過程，也會是一種很好的幫助。

接棒的問題

基本上如果接班人缺乏自信，只一味滿足前任期望時，就會是一個嚴重問題，如此一來他永遠都無法發現自己的潛力。接班人必須發展出自己的領導風格，如果只一直滿足前任各種期望，就會消耗掉所有能量，他會一直拿自己和前任比較，於是永遠都找不到自己的風格。

關於接班人問題，我們可以分成男性和女性接班人來看。當男性和父親（不管父親是不是前任領導者）沒有良好關係時，在當接班人時就會有一些問題。父親的職責在於成為兒子的後盾，支持他，給予兒子勇氣，讓兒子能將生命掌握在自己手中。如果父親沒有成為兒子的後盾，無法給予支持，兒子很容易替自己找一個依靠的替代品，通常可能是某些意識形態。於是兒子便躲在這些僵化意識形態後面來掌控職務，高舉道德或各類規範大旗，以掩飾自己的不安全感。但這對員工並不好，如果兒子獲得太少的父性能量，他常常會顯得優柔寡斷，無法做決定，而且不敢面對衝突。如果他發現自己有這種情況，其任務就是去改善這一點，不要逃避衝突，並且學著用良好的方式去解決。而且他還必須學習怎麼做決定，因爲只要決定一直拖延，整個公司都會癱瘓。有時候，缺乏自信的兒子也會以一種威權式的形象出現。

父親太強大也是兒子們的另一個問題，如此一來他們經常因爲要向父親證明自己而處於壓力之下。於是他們會苛求自己、苛求員工，他們會一直逼迫員工達到更高的業績，好讓公司有很好的形象。兒子想藉著優秀業績向父親證明有所成就，甚至比父親更好。

當兒子和父親的關係不好時，兒子覺得受父親壓迫時，他會叛逆，與父親作對。他想在對抗父親當中找到自己的認同，不想從父親這個傳承的根源汲取力量。可是如果他切斷與父親這個根，就不會有足夠力量去完成自己的任務。於是他常常會在與公司其他領導層的戰鬥中迷失自我，並藉此將自己的父親情結以專斷獨行的行動表達出來。

關於女性接班人，則可以從茱莉亞．翁肯（Julia Oncken）這位女作家的書中觀察到三種類型的女兒。翁肯認爲，每一個女兒的潛在需求就是讓父親肯定、重視自己。如果沒有被父親重視，其中一種反應是變成「取悅型女兒」，她會想盡各種辦法取悅父親，利用衣著外貌或當父親的貼心小公主，父親還沒開口就滿足父親每一個願望。取悅型女兒接管公司時，只會注重讓所有員工對她感到滿意，讓自己處處受歡迎，她迎合其他人所有需求，卻不聽從自己內心的聲音。

缺乏父親重視的另一種反應是「業績型女兒」，她想藉著良好業績給父親好印象。當一位業績型女兒接管公司時，她會對自己和公司做出過度要求，她會不斷催逼公司進行各種新計畫，要求公司達到更好的業績，但卻忽略人性的需求。她不聆聽員工們的需求，滿腦子只想著提高業績，這又使得她對員工一再提出更高要求，卻不思考這是否對公司有益。

被父親忽略的第三種反應是成為「作對型女兒」，她會時時與父親作對，惹得父親火冒三丈。作對型女兒會使用和前任完全相反的方式領導公司，她會嫌棄、貶損前任所做的一切，她會花費很大力氣去做相反的事，但這種做法常讓自己走入一個死胡同裡。

接棒的正面原則

接班人首先應該肯定前任所做的一切，應該為自己所接手的一切感恩，而且應該好好觀察，看看自己能如何延續目前的領導風格並發展自己的特色，而不是完全複製前任做法。接班人應該接續前任的一些精神，但要和自己的精神結合在一起。接班人該做的事，首先是將接手的公司繼續領導下去，接著要觀察員工間的互動情況，觀察工作進行的情形，在仔細觀察完所有情況之後，才可以進行一些改變。

但在我看來，比改變（change）更重要的是轉變（transformation）。如果接班人想用權威來改變所有事，等於是向員工傳達一個訊息：目前爲止他們所做的一切都是錯的。這會使員工們受傷，並使他們生出反抗心態。而使公司轉變則是完全不一樣的態度：我首先肯定與珍視公司到目前爲止的一切成就；我肯定員工們彼此的互動方式，我並沒有爲了要證明自己而打算改變所有事。轉變的意思是，讓公司更加發展出符合公司經營的理想樣貌，讓公司更能實現它的本質。所以「轉變」的目標不是讓公司變成另一個樣子，而是讓公司愈來愈符合本質，愈來愈能實現內在隱藏的各種可能。每一間公司都必須有所轉變，否則就會僵化。但如果接班人想藉著進行大刀闊斧的改變來證明自己的話，反而對公司有害。員工們會感受到這位接班人想藉著改革來證明自己，或眞的是要服務公司，他們馬上能看出這些改革措施的焦點是接班人的自我滿足，還是爲了公司福祉。

接棒時的另一個原則是，接班人要先徹底觀察自己的生命史，以免將自己未解決的父親問題或母親問題帶到公司裡。所以，一位領導者需要有很好的自我認識，以免把自己所壓抑、排擠的問題投射到員工身上。這意思不是指在接手公司時就必須完全認識自己，而是指要準備好將這份領導的任務視爲「愈來愈認識自己」的一種挑戰。從與前任和員工們的互動中，可以更加認識自己。一個領導者願意誠實認識自己，這會爲工作和公司帶來祝福。

不能嫌棄、貶損前任，而是肯定他所做的一切，這也是接捧時的一項重要原則。儘管如此，我的職責還是必須發展出我自己的想法，並在公司裡留下個人的生命足跡。因此，不僅需要足夠的自信，同時也需要謙卑。不必完全複製前任做法，但該以個人領導風格去好好領導公司，也不要爲了與前任有所不同而給自己壓力。而且領導風格必須符合自身本質，如此一來這種領導風格也會成爲公司之福。

交接的儀式

爲了讓公司領導人的交接能夠成功，有些儀式是很好的幫助。在摩西和約書亞的交接儀式上，摩西將雙手按在約書亞這位接班人的頭上，並藉此將自己的精神傳給他。在世俗世界中我們沒辦法這麼做，可是如果卸任者能夠祝福接班人一切順利，讓他能好好繼續領導公司，這也是很好的做法。前任可以用一個象徵性物品傳達理念或精神的延續，將這個物品送給接班人。可以是一個希望天使，願天使讓接班人懷抱希望去領導公司；或者是手部的象徵物品，藉此祝福接班人，願他在領導時一切都很順手；也可以是具有個人意義的物品，藉此象徵前任將自己的一部分精神傳給接班人。

在交接儀式上，接班人也應該講一些話，他應該感謝前任領導者爲公司所做的一切。在感謝中，細數前任領導者所成就的一切，他在公司所做的事。而在感謝中，也承認自己很樂意踏上他的足跡，而不是心懷必須改變一切的野心。感謝也代表願意延續公司的傳統精神，當員工感受到接班人肯定前任領導者，並因此也同時肯定公司時，這對公司將是有益的。只有在這種肯定的氛圍中，接班人才能在阻礙最小的情況下，嘗試去轉變公司的經營方式。

公司的員工也應該參與交接儀式，他們可以考慮要設計什麼樣的儀式，既適合交棒者、也適合接棒者。當然，儀式可由公司的一位代表發言。但如果能在儀式最後，員工代表能夠分別贈送交捧者和接捧者一個象徵性禮物，這也是很好的做法。

儀式可以幫助我們表達出平時無法表達的情感，情緒會觸動員工的心，讓他們樂意一起工作，而且儀式也可以建立公司的認同。在交接儀式中，可以展現出公司的價值觀與願景，再次提醒所有人參與這家公司的責任。這可以在公司營造一種歸屬感，以及相信公司往後會愈來愈好的集體認同。

PART 2

不尋常的企業改造之路

博多・楊森 Unternehmer Bodo Janssen

Stark in stürmischen Zeiten

01——領導，就是服務他人

古倫博士的思想陪伴了我好多年。這些思想影響我至深，使我走上一條不太尋常的企業改造之路。無論是以前、現在或將來，這都會是一場大冒險，而我不想在生命中錯過它。我寫了第一本書，《無聲的革命》，衆人對這本書，以及我們的影片和我的演講所給予的回饋，讓我看到許多人心中都強烈渴望著擁有這樣的一份自由，也就是能夠自由地從事對自己而言眞正重要的事。

因留宿於修道院以及與古倫博士交談，我的內心開始一個進程，這個進程直到今天都還沒結束。一切都從我思考這個問題開始：**身爲領導者，我必須察覺到自己有哪些任務？**

我那時候想，未來，工作會改變，而管理者以及員工的角色也會隨之改變。領導者傾向於將焦點放在數字上，對職業升遷有強烈意識，只著眼於企業的成長、收益、物質主義以及勤奮工作，但現代的員工會深入思考工作的意義，而僅僅是這一點，就讓他們對人性化職場的要求聲音愈來愈大。他們希望自己的能力獲得肯定，希望能全心投入工作，扮演一個特別的角色。爲了面對這些在二十一世紀裡愈來愈強烈的要求，我們身爲領導者的首要義務就是**先關注人，然後再關注數字**。而且這位領導者不僅應能促進員工的人格發展，提升員工的自我意識，使員工有自決權，而且還必須發展出一種企業文化，使人們可以在企業中建立成功的人際關係。

我，服務員工

自二〇一〇年以來，我們實行所謂的「自由盟約之路」：一種**以人爲本的企業文化**，以及這種文化對領導的新詮釋。在這條路上，我們也嘗試將古倫博士，以及本書中所描述的各種觀點融入我們日常與人相處的情境中。自此之後，我們的企業經歷了很多變化。

最根本以及最重要的一點就是：以前，在我們公司裡，人是達到企業成功這個目標的手段。我們之前根本沒有意識到，或根本沒怎麼去思考，其實我們專注於短期利益的股市價值，一直追求高盈利，只顧成長以及不注意長期後果等做法，常常是在與人和大自然對抗。而且典型的廣告也支持我們這些做法，因爲這些廣告讓我們選擇活在一個只爲純粹享受的假想美好世界。如今，我們則將自由盟約之路，理解爲達到**幫助人們成功**這個目標的手段。

我從古倫博士的課程裡經常聽到這個問題：「安息日是爲人而設的，還是人爲安息日而生？」對此，耶穌的回答是：「安息日是爲人而設的；人不是爲安息日而生的。」我又想：是人在服事經濟，還是經濟在服務人？耶穌一定會說，是經濟在服務人，但實際情況看起來卻常常不是如此。不幸的是，人還是常爲了經濟利益而變得工具化。這世界之所以變得如此混亂，是因爲人們已開始去愛物質而利用人，這點也可以引伸到企業上。在企業裡，如果變成人在服事物質時，就應該是時候去反省我們的態度以及行爲了。是人在服事數字，還是數字在服務人？是人在服事檢查清單，還是檢查清單在服務人？是員工在服事老闆，還是老闆在服務員工？將人物化爲功能和職位這種做法，使人與人之間的關係被剝削到只剩下對彼此的期待，因而使企業更容易朝向利潤、權力，和知名度最大化。以前這一套還行得通，但今天，卻有愈來愈多人想在企業裡實現個人特質與生命價值。

因此，在自由盟約旅館裡，我們將這個現實翻轉過來：作為企業家，我和其他領導者，視我們自己為達到目的的手段——**我服務員工，我協助他們成功**，而且是作為一個眞實的人以及作為團體的成功。當人在這個團體裡獲得成功時，企業也會成功。

人都想要成功。我們想要發展自己，希望能看出自己的作為所帶來的結果和影響，希望自己所貢獻出的努力能成就一些事。可是如果我身為一位領導者，將成就連結到冰冷指標，特別是與獲利最大化、權力，和知名度等相關時，那麼這個企業體系內所有人也會為了達成這些目標而無所不用其極。然而一旦企業員工失去工作的樂趣或沒有得到足夠重視，他們遲早會想辦法尋求另一種意義的成功。由於這種現象在我們公司裡出現了，所以我們將焦點從「物質成功」，轉移到「讓人成功」。

但我們現在正面臨一個轉捩點。因為我最近常在商業界看到一股愈來愈強的趨勢，以下這些引人矚目的口號愈來愈常見：「公司愈人性化，獲利就愈高」「人性化絕對有好的回報」「員工愈快樂，公司愈賺錢」，或者「快樂的人就會自願做更多事」。但這些說法會有一個危險，即爲了獲得更高利潤，傳統的管理者會將人性化或員工的快樂當成一種工具。新近出現的術語，如「人性化投資報酬率」，讓我覺得不少管理人還無法分辨被工具化的人性化與眞誠的人性化之間的差別。眞誠的人性化之特徵是，人們不會覺得自己被利用，成爲使公司獲利增加的工具，而且他們下班時會比進公司時更加抬頭挺胸。

在公司裡提倡人性化，但又不修正舊有態度及舊有欲望的管理階層，會落入玩弄員工信任這個陷阱裡。員工會感受到管理階層的態度並不眞誠。如果一個企業是以一種以人爲導向的態度對待員工、客人或顧客時，其行爲舉止是不一樣的。在這種情況下，企業老闆、管理階層與員工之間的關係不會縮減到只剩獲利而已，他們之間的關係是以尊重、友誼和愛爲基礎，而且是無條件的愛，也就是不帶任何期許。

另一個非常重要的觀點是，公司的方向應以人性化爲主。一個以股票面額價值或純粹以獲利爲導向的企業，其可靠度當然不同於一個中小企業或家族企業，因爲後者通常視自己爲一位受委託者，其職責是盡可能讓最多人獲得福利，他們還將自己的成功定義爲，可以用所獲得的利潤達成哪些有意義的目標，尤其當這涉及到保障家庭的生存時。企業的可靠度，取決於是否能適當且有意義地善用其獲利，已經很少人會覺得只提高幾位股東的獲利是一件有意義的事。如果所追求的成功是爲了滿足自己，爲了把錢裝滿自己的口袋，爲了讓股票上漲，或爲了從買賣股票中獲得鉅利，這種做法對員工產生的影響，絕對不同於將獲利用於大家所共同認爲有意義的事情上。於是，我等於是在賦予這件事一個意義。

當我將成功定義爲使人們能夠成功，或使我們之間的關係能夠成功，就像在我們企業裡一樣，實際上我就是在服務他們。我服務他人的方式是，讓他獲得生活的自由，能自由地活出他生而爲人所認爲眞正重要的事。這也說明了我們的核心原則，即**賺錢不是我們行動的根本意義，只是保障我們生存的基礎**。

協助員工成功

當我把關注的焦點放在人的身上，而不是放在讓企業成功這件事上時，領導就變成一種服務他人的行動。於是，我必須問自己一些問題，比如：我可以透過哪些服務，來協助人們尋找自己的生命意義，讓他們變得更成功？對我們而言，這意味著讓員工：

- 獲得一份公平薪水，好讓他們憑此生活並獲得老年保障。
- 可以展望一個保障未來的工作。
- 感到自己是全體中有價值的一部分，感到自己的作爲對企業的成功有所影響。
- 感到自己的貢獻，獲得肯定和重視。
- 能夠作爲人去成長，找到意義，體驗到意義，自己在發展人格的過程中獲得協助，並且也能將自己的人格特質帶入自己的日常任務中。

基於這個理由，我們認爲重新定義成功是件極爲重要的事。成功不應只是把焦點放在公司成長，增加獲利並減少成本上。在我們的公司裡，成功不太與金錢有關，反而更與氛圍有關。而且如果公司有盈利時，那麼我們更希望能用這些錢來改善人們的生活。就「何謂成功？」這個問題的答案，在我們企業裡，企業本身反而扮演一個次要角色。

企業只是達到目的的一個手段而已，終極目的一向是「人」。

因此，我希望人們能重新找到自己的尊嚴，也許他們在走到目前這條路上的某個時候失去這份尊嚴，因爲他們從主體變成別人想法中的附屬品。在我看來，引導那些社會上和我們企業裡已經被變得標準化的人，使其再度找到自己的尊嚴，就是領導的唯一正當理由。所有其他做法都只是操控，或者管理而已。因爲在我眼中，管理不太與人有關，而是與操控一個組織有關；而領導則關乎到這個組織裡面的人，簡而言之管理涉及的是數字、資料、事實或規範。

我們生活在一個高度受規範的世界，而正是這個規範將主體物化，使之變成物件。從我們的父母就已經開始——大多是不知不覺中——憑著最好的知識和良心將我們這些主體，我們這些小小但獨一無二的人，變成他們各種想法中的物件。「只要你住在這個家裡……」，我們常常聽到這樣的話。之後，這「雕刻琢磨」的過程繼續下去，在學校裡，透過一個評量系統，我們被教導去認識什麼是好，什麼是壞，什麼是對，什麼是錯。但正是透過這樣的方式，我們更被修整成符合這個規範，被訓練成適從這個規範。那些符合這個評量系統的人是符合規範的，即正常的，而其他人則是偏離規範的，瘋狂的，不適合這個社會的。

在這種規範化的基礎上，人與人之間很難發展出成功的、健康的，特別是能持久的關係。自主的人更能成功發展出這類關係，因爲當人與人彼此相遇，而不僅是透過「制服」或「職位」彼此相遇時，會比較容易發展出成功的關係。因此，我們的職責是，尤其一位領導者的職責是，帶領人走出這個規範，並邁向自己的尊嚴。我們是以開路先鋒與陪伴者的身分說這些話。一個人的尊嚴代表對他而言特別有價值的事，尊嚴關乎的是一個人最根本的價值，符合他本質的價值，而且尊重這些價值甚至明文規定在德國的基本法，即憲法裡：基本法第一條就保障所有人享有不可侵犯的尊嚴。

關於尊嚴還有另一個面向。就像古倫博士所說的，「改變」不是一個很好的詞，因爲這含有一些評價和審判的成分。在企業界裡覺得自己必須迫切改變一些事情的那些人，心裡總覺得之前的一切都是不好的。於是，到目前爲止的企業領導所做的一切就被判死刑了，一切都必須重新來過。但這既不公平，也不恰當，因爲我應該先肯定以前曾經發生的一切。我們必須先讚賞並肯定在「經濟奠基時期」[9]的軍事化企業結構，認可並肯定當時以職位和職務頭銜去思考那些做法，這是極爲重要的事。沒有這「舊」世界的基石，我們不可能開始現在要走的路。我們需要這些所謂的基石，因爲它們構成了基礎。我個人認爲，許多企業接班人之所以失敗，是因爲沒有讚譽並肯定企業過去已成就的一切。我們必須視這整體是一種發展的歷程，是一種演化、轉變或發展，而不是把一切都歸零。因爲若沒有歷史，就沒有未來！

在我造訪的許多大型企業裡，我都感受到人們心懷恐懼。老一輩的領導者害怕許多事，其中一項是怕自己會被貶入不受重視的部門。他們覺得多年來都做得正確和很好的事突然之間就不受重視了。在面對歷史時，所有與事者都擔負著重大的責任；面對未來時亦是如此。主張改革的人，必須將到目前爲止所建立的一切視爲不可或缺的成分，才能繼續往前。

談及尊嚴時，不僅涉及個人的尊嚴，也涉及肯定到目前爲止所做的一切。當我們公開表示肯定時，整個發展進程也會變得比較容易。於是，抗拒的阻力也就不會那麼強烈，

9：Gründerzeit，指一八七三年股票市場大崩盤之前的德國和奧地利密集工業化的經濟繁榮時期。

因爲抗拒大多來自受傷的自我或受傷的個人。關於這一點，我和我的主管們可以問自己的一個好問題是：「我能如何肯定到目前爲止所成就的一切？」

在我們從修道院的課程中讓企業核心價值變得更清楚之後，接下來要做的是毫不妥協並貫徹執行。這到底是對還錯，我無法回答。我只認爲，在面對「使人成功」這個任務時，我必須毫不妥協並貫徹執行。我並沒有將成功定義爲絕對偉大的事，而只是想讓每個人去發現：對他而言，成功代表什麼？我所注重的是個人要走的路。爲了協助員工找到這條路，我絕不妥協。

02 何謂成功？

領導者常常必須提出具有挑戰性的任務或問題。這些任務或問題使員工感到自己所做的事是有意義的，也強化他們的自我意識。自我意識必須透過面對挑戰而形成，如果這些挑戰的目的只爲了使企業成功，員工們就會覺得這意義並不大，因爲所有事都只是「應該」而已，員工會想：我應該做這件事，應該做那件事。如果員工只把這些事當成義務，那麼就不太可能產生自我意識來賦予工作任務新的意義，結果員工就會發現，自己被託付的任務只是一種「差事」。但如果他們知道任務的目的，並且認爲這個目的是有意義的話，他們就比較容易去接受被託付的任務，以及面對其困境了。

爲了使員工更能發展其自我意識，還必須創造其他的條件。在自由盟約，我們的員工之間常以平等的視線對待彼此，我們當中有許多人以「你、我」（Du）互相稱呼[10]，因而更能深入認識彼此的人格特質。我也給予員工很多自由，甚至包括自己決定薪資的自由。當然，我們也曾經遇到極限，這些極限就是人格發展的成熟度。當然在進行這些轉變過程的一開始我們也曾遇到阻力，但這些阻力就是挑戰或成長的機會，而我們必須以具有創意的方式來克服。

然而，有些人在這段翻轉期也選擇離開公司，因爲他不知道如何去面對失去影響力和特權的情況。「不，這不適合我，我不幹了。我才不要這樣。」有些主管根本不明白，發展新的企業意識對領導者而言到底有多重要，多有趣。另一些主管則嘗試以這種理念去運作，但是他們認爲這純粹是「服從」而已，是一種接受規定和管束的人性，只要盡好本分就可以了。其實他們並不理解，喚醒自我與企業意識是一種具有深度意涵的過程，而這個過程不僅涉及賦權給其他人並使他們成功而已。直到今天，我們還沒有達到所有目標，將來也永遠不可能百分百達標，因爲必定會一再出現這樣的主管階層，他們透過行動向我們表示，不是他們該服務員工，而是員工該服務他們——或更確切的說，服事主管的自我權威。

員工成功，就是公司成功

比如，其中一種自由的形式，是我們已經在埃姆登總部辦公室中所引進的**信任的工作時間**：愈來愈多員工根據自己估計的時間上下班，他們投入多少工作時間都由自己決定，而且愈來愈少人去看時鐘。結果，大部分工作都自動順利進行。我們所獲得的經驗是，在一個強烈以人爲導向的文化裡，很多事情已經不需要管束，因爲員工們會互相協助，彼此合作完成共同的工作。在旅館本身，這比較難以實現，但還是有可能。在我們位於德國波爾昆的海景飯店，或位於沃雷門的黛琪格拉芙酒店裡，員工們在判斷工作情況和可用人力之後，就開始在沒有主管階層的規定下自己決定輪班時間表。我們發現，在這樣的團隊裡，其滿意度高於由組長決定輪班時間的團隊。

在他們的名片或電子郵件的簽名裡，許多員工並不用自己的職稱或頭銜，而是用「自

10：除非家人、熟人或好友才會使用「你」，否則德國人一般在職場上是使用「您」（Sie）的敬稱來稱呼對方，以示禮貌。

由盟約人」這個詞，這個詞表現出在我們企業裡，使人產生連結的是一種共同的信念，共同的價值觀，共同的成長，以及一種近乎家庭式的歸屬感。因此，在我們的組織裡愈來愈少傳統的職稱或任務規範。

舉個具體例子：瑪鈴娜在我們這裡完成她的學士論文，並且發現她對我們旅館裡年輕人的福祉很感興趣。在完成學業之後她問是否能留下來工作，於是我想知道她自己有什麼想法，她想做什麼。我又提出一些問題：「對妳而言，何謂成功？妳在這裡的這段期間，什麼時候體驗到過了很好的一天？妳什麼時候帶著一種很棒的感覺笑著回家？」她回答：「每當我能幫助年輕人發揮自己的時候。」進來公司後，她說，她想改善我們企業裡的職訓部分。

於是我們便一起檢視目前的七十位接受職訓者。他們都只能算及格而已，絕對不是優等。我們都一致同意，要想辦法提升職訓水準。我們有時候一起吃個飯或與受職訓者碰面，並將一些想法寫下來。

之後我又再問瑪鈴娜：「對妳而言，何謂成功？妳什麼時候覺得自己成功了？」她說：「我仔細分析了這個情況，在自由盟約接受職訓的人太少了，職訓的品質因此打了折扣。比如，受職訓者必須很長時間一直做同一個工作，這對他們的個人發展沒有幫助。此外，他們的上班日常常太過緊湊，使得他們很少有時間去實現個人發展。所以我認爲，如果公司裡有更多接受職訓者，當接受職訓者的人數占總員工人數的比例增加時，我就成功了。目前，接受職訓者只占總員工人數一〇％，如果這個比例增加到二〇％，那麼我們就有很好的基礎以更好的方式去培訓，讓他們得到更好的發展。」

「好的，」我說：「妳的第一個成功因素是增加接受職訓者占總員工人數的比例。但對妳而言，還有什麼標準算是成功？」

「當來到我們這裡受訓的人想要留下來工作，當他們接受到很好的訓練，當他們覺得在我們這裡得到很好的照顧，並在結業得到很好的成績時。」

「我很能理解這點。」我說，但仍然堅持繼續問下去：「妳的第一個和第二個答案都很類似，因此我再問妳一次：除此之外，對妳而言什麼是成功？」

瑪鈴娜並沒有猶豫很久：「當那些在這裡接受職訓的人願意留下來工作時，就表示我們有做好培訓工作。而當那些願意留下來工作的人還能找到一個可以繼續好好發揮的地方，能夠根據情況將自身人格特質帶入工作時，我就成功了。」

在我們公司裡，瑪鈴娜沒有傳統的職稱或工作內容，對她而言，意識到她自己所發展出來的成功因素和衡量標準，並在她所參與的工作領域中去傳達這些理念，這就已經足夠。帶著這些衡量標準，她如今從一家旅館到另一家旅館工作，並因此交到更多朋友。現在每一家旅館的負責人和接受職訓者，也很容易看出瑪鈴娜每天努力的目標是什麼。他們說：「瑪鈴娜成功的時候，我們也就成功了。」如果當初她的職位有明確的工作內容，一定很少人會去注意她的工作價值，於是就會出現這個問題：「我們請她來做什麼？」許多人可能只會覺得找瑪鈴娜來既浪費時間又浪費錢。還好，我們的做法並非如此，於是一份充滿意義又有成功因素的新工作，就這樣誕生了。

因爲有我，其他人可以獲得什麼？

我們得以發現，幫助所有參與者去意識到，其他人——內部和外部顧客——因爲他們而得到了什麼樣的收穫，是一件多麼重要的事。每個人都可以問自己這個問題：「**因爲有我，其他人、同事們、客人們、這個部門、這家企業，以及整個社會，可以獲得什**

麼？」

塞巴斯提安也問了自己這個問題，最近他已經成爲一位自由盟約人，並在沃雷的旅館擔任經理。這是德國境內唯一一家位於堤壩上的旅館，塞巴斯提安稱其爲全歐洲最漂亮的旅館。在進公司之前，他是跨國公司奇異電子的高階經理，我們是在一次修道院的課程上認識的，這是我和本篤修道院的團隊合作一年舉辦兩到三次的課程。他得知這位帶著自己的團隊到修道院去，而且還完全顛覆目前的商業理論與實務的「瘋狂」東菲士蘭人（屬德國）博多．簡森的事蹟，想親自見證德國境內到處都在傳的「自由盟約之路」到底有何厲害之處。

我還清楚記得第一次和塞巴斯提安見面的時候。他頭上光禿禿的，而且顯然對各種耳環和戒指有強烈偏好，因爲他的耳朵上有好幾個耳環，手指上也戴了好幾個戒指。他給我的印象是，這是一個極爲開放的人，清澈坦蕩，而且他的友好態度讓人感到很舒服。從事後聽到的資訊，我得知他這種清澈坦蕩是從幾次很長的徒步旅行中養成的，比如從柏林走到威尼斯。在修道院留宿三天的這段時間裡，引起我注意的是他在解決問題方面有非常突出的能力，此外他也能提出極爲聰明的問題。簡而言之，他的人格特質就像刺蝟的刺一樣，讓他非常突出，因此當他在課程中過來跟我說「博多，我想成爲一個自由盟約人。我想走這條自由盟約之路」時，我感到很高興。

一年多之後我打電話給他，因爲位於沃雷的旅館即將有所變動。原本在那裡負責經營的一對夫妻阿希姆和莎嬪娜，在這家堤壩上的旅館辛苦工作幾年之後打算休息一段時間，而且還沒有決定要休息多久。二〇一二年時，我給一位在海景飯店工讀的大學生一個機會，讓她去開一間旅館並經營；而這一次，我也認爲這是個嘗試新做法的好機會。這一次我的重點放在設計一些能夠賦予他人生命意義的合作形式，並實行到旅館業裡，就如同知名組織發展顧問弗雷德里克・萊盧（Frédéric Laloux）在其著作《重塑組織》（*Reinventing Organizations*）中所描述的一樣。根據我的直覺，憑著塞巴斯提安的人格特質，他有很好的條件在我們以意義和人爲導向這種領導原則下成功實行這一點。

所以，對於到目前爲止的旅館經營，以及我們某些旅館目前仍保持的傳統經營方式而言，這是一種一百八十度的轉變。對於這家位於堤壩上的旅館而言，亦是如此。塞巴斯提安之所以特別適合這項任務，理由是他沒有專業能力的包袱。他一直是以客人的視角去看旅館經營，完全沒有任何經營旅館的專業能力。但正因爲如此，他的腦子還沒有受一些專業習慣蹂躪而形成固定思路，這使得他能夠不受阻礙地去思考新的道路。

於是我打電話給塞巴斯提安，告訴他這個即將執行的計畫，當我感受到他可以在這個冒險旅程中百分之百找回自己時，我覺得這是很棒的事。他，甚至他的太太雅寧，根本沒有考慮很久，很快就決定離開他們原本居住的大城市柏林。如今，他們兩人都住在這個堤壩上。

讓我感到特別高興，且我認爲能展現出我們公司企業文化的是，塞巴斯提安和雅寧不僅從同仁和員工，更從阿希姆和莎嬪娜這對夫妻得到專業上的協助。儘管這兩對夫妻對於如何領導一家企業有完全不同的理念，他們卻成了朋友，甚至四個人還常常會彼此取笑對方。

這兩個例子顯示，「我們有一個職缺並尋找一個適合這個職缺的人」這種傳統做法，在我們這裡已經愈來愈形同過去式。我們尋找的是**能使人進一步發展的任務，看到的是各種機會或挑戰，然後再看看有什麼人格特質的人可以在這樣的任務裡找到自己**。因此，當人們——特別是之前已在我們這裡工作過，而且想成爲我們這個以意義和人爲導向的企業文化之一分子的人，帶著自己的構想來找我們時，是件特別令人興奮的事。

以意義和人爲導向的領導原則

如果有一些已經被規範定型或以職業生涯爲導向的人來我們這裡應徵職缺，那麼情形會完全不一樣。這些人通常不太會意識到生命並非一條跑道，而是一份使命。我們常常發現，這些人通常已經學了某種職業技能，但他們之所以學這一行是因爲別人告訴他們該學這一行，而這個「別人」通常是父母、老師或職業仲介所；或者他們自己想不到要學什麼，所以才學這一行。這些人模仿別人的生活，或按照別人給的規定去生活。有些人決定讀某一科系，並打算繼續走在這條路上，之所以這樣是因爲他們覺得自己既然學了這一行，現在也應該學以致用才對，否則一切都白費力氣。他們等於是按照別人的理念而活，這使他們陷入一種困境——部分是自己沒有意識到，他們必須完成一些並不符合自己人格特質的任務，一些無法讓他們感到高興的任務，事實上他們在扮演自己根本不想扮演的角色。

當自己本身的特質與渴望和實務工作之間的差異太大時，就會很辛苦。在此，我也經常談到所謂的「Work-Life-Balance」，即去區分工作與生活之間的差別。如果我真正生活的時間只占生命比例中一小部分的話，我必定會感到非常沮喪。而且由於這樣的人缺少自我意識或自我意識極爲薄弱，他的自我價值感也就無法形成。於是有些人便會想辦法從外在因素去提升自己的自我價值感，比如外在的個人形象，包括頭銜、職位、分紅或地位等。

基於這個原因，我們公司裡正在討論，那些非常注重職稱頭銜的員工人數，和那些完全不在意的員工人數之比例，是否能顯示出一個團隊的自我意識程度。這其中也涉及到，這能符合我們共同發展出來的自由盟約人的意義主張，即「我們以人的身分彼此相遇，不論彼此的職位或職務」到什麼程度。所以，最近這段時間我們也成就了一件事，即在公司裡愈來愈少各種經理、部門主管、科室主任、廚師長等職稱，但有愈來愈多自由盟約人。

如何對外傳達這一點？這又是另一個我們正在熱烈討論的問題。如果我們找的是自由盟約人，這表示什麼？背後隱藏的資訊又是什麼？比如，要找一位餐飲部經理，即一位負責組織籌辦食物和飲料這個部門之事務的人。而來應徵這個職位的人心裡所持有的圖像便受這個期望所主導——他要領導餐飲部。但在我們這裡，他不僅要領導餐飲部，還要在這個部門裡幫助人們成功。該怎麼樣清楚表達這一點？如果一個人的人格特質比他的專業能力更重要時，將來的徵人啓事會是什麼樣子？

值得注意的是，不少人將許多時間花在位於能力金字塔底部的事。**我們會做很多事，卻不認識自己**。因此，我們常常完全不知道自己想將所有才能投入在什麼有意義的目標上。不只在旅館業，其實在其他以人爲對象的服務業裡，人才是最核心的目標。專業能力是可以直接在公司裡培養的。總括而言，這表示向一個人傳達專業知識，比將一個人的人格特質從他的生命史中一層層地剝出來——其人格特質甚至是以不良方式所養成——要簡單許多。

而我們注重的前提是，這個人**有堅決的意願想要自我成長**。這與一個人的內在態度有關，也是我在現有的領導者身上常常看不到的，不管是哪一家企業都是這樣。在我看來，現有領導者願意自我成長是因爲，即之前已提到過的，年輕世代肯定目前爲止所發生的一切。即使在我們的企業裡，我也一再發現，有些領導者拿「願意自我成長」當推託的藉口，之所以這麼做是因爲他們認爲，在我們公司裡發展人格特質是一種「政治正確」行爲。在層級分明和以追求生涯成就爲目的的職場裡，往往培養出具有極高專業能力的人，但由於其上司裝模作樣要權威的姿態、明顯的自以爲是、無法令人信賴的領導作風、種種使人害怕的措施，或不知名的幕後黑手影響等因素，使得他們在人性化這方面還停留原地沒有進展，這是一個只能靠自己去打破的惡性循環。在我們旅館裡，最重要的是友好的待客之道，即做客人的朋友。跟專業能力相比，做一個人的朋友這種能力更需要人性、同理心，而且這一向是一種態度或觀點的問題。在某些旅館裡，我看到他們的員工有高度專業能力，卻無法讓人看到他們的靈魂。但爲了能夠經營成功的關係，靈魂才是我們特別需要的。

贏得員工是我們正努力的多項重要計畫之一。就這方面，我們提出的問題是：「我們可以從其他公司學到什麼？比如從相親網站 Parship 這家公司？」在這家相親網站公司，人們之所以認識對方，是基於對方的人格描述，不是對方的職位或職務。將這個理念應用到我們的公司裡，意味著：我們應該怎麼安排，讓一個來我們這裡應徵工作的人，不只是因爲這是一個有各種相對應任務的職缺或生涯發展機會的職場，而是因爲他願意在一個由和他志氣相投的人所組成的公司裡工作？我們該如何對外開放，使某些有共同理念和想法的人能聚在一起？

因爲「將人置於中心」，這在我們公司裡與在大部分其他公司裡的意思是不一樣的。對我們而言，將人置於中心的意思是：**把焦點放在發展其人格特質，和態度想法上**。這也回答古倫博士所提出的問題：「我如何才能找到與我想法相似的人，能進一步分擔我的理念的人？」這個問題亦使我們脫離各種涉及區分性別或年齡的討論桎梏。在我們這裡，我們不區分這是X世代、Y世代或Z世代，亦不區分這是職場裡的男人或女人，我們關注的重點是人！

這種**以意義和人爲導向的領導原則**，使我們不必把力氣浪費在法定規章的各種嘗試措施或討論婦女保障名額這些事上，也省下區分工作與休閒時間的力氣。我們的重點在於，想要好好過自己生活的人——而且不只是在休閒時間中這麼做。而讓人能夠做到這一點就是我們努力的目標。也許這正是我們在二〇一四年，被《柯夢波丹》這本女性雜誌頒發「最佳女性友善職場獎」的原因。不過我更希望這個獎項是「對人最友善的」，而不只是「對女性最友善的」。

03 使人與自己和他人產生連結

我們自由盟約人以許多方式彼此連結。當然，我們首先要以人的身分彼此相遇。因此，我們在二〇一三年一起設計了一棵**價值樹**，枝椏上掛著我們重視的價值，總共十二個，這是所有人透過一個漫長並深刻的個人成長過程所認識到的價值。這些價值成了大家的行為指導原則，給予彼此相待的參照方向：謹慎、信任、責任、可靠、賞識、樹立榜樣、開放、公平、忠誠、眞摯、熱愛生命、品質。我們不僅將其當成公司裡人與人相待的根本價值，也當作整個公司的根本價值。藉此，我們名符其實地爲一個充滿活力又深深彼此連結的團體，創造了獨一無二的條件。

此外，參與社會服務與人道活動亦使我們彼此連結，從協助鄰近社區的工作到在盧安達蓋學校。除了每年七到十天到東非一趟之外，每位員工每年可以享有兩到三天的有薪假，投入一些社會服務活動。

價值樹包括以下各項企業價值：

- 樹立榜樣——我們活出自己所堅守的價值。
- 忠誠——與人交談，而不是談論人。
- 開放——信任你自己。
- 可靠——一句話：自由盟約人。
- 賞識——發掘一切美好，並討論。
- 公平——所有人遵守同樣規則。
- 謹慎——我們活在當下並營造未來。
- 信任——我們相信你，你相信我們。
- 負責——自己做決定，並堅守這個決定。
- 眞摯——你所展現的每一個微笑，最後都會回到己身。

・熱愛生命——我們在日常生活中製造驚喜。

・品質——讓人歡欣喜悅，是我們努力的目標。

改變思想非一蹴可及

此外，我們還提供自由盟約課程，包含六至八個階段，其目的在幫助人們更能克服生命中和工作上的各種挑戰，並能自主採取行動。在這一方面，我們協助學員更深入認識自己目前爲止的生命經驗，配合從靈修和學術這些有趣領域裡所獲得的知識，將生命經驗以有意義的方式投資到個人成長，和進一步發展自己的層面上。課程的前幾個模組就只專門針對「人」這個主題。在這些模組裡，我們努力協助人們更加接近自己的眞實狀況，並擬定使命與願景，就像古倫博士所說的。接下來的課程模組，則關於「領導就是服務別人」，以及建立一個有自決能力的團隊。

我們在「自由盟約之路」所發展出來的這種意識，也可以應用到其他行業上。甚至是完全沒有條件的，因爲這涉及的不是一種概念，而是我與自己以及我與他人相遇的一種態度，一種心態。在這其中，「個人要有發展自己的意願」是這個人乃至整個公司能進一步發展的一項重要先決條件。「自由盟約之路」只是「以人和意義爲導向的領導」這個概念的同義詞，其目的在使人在此公司內——如果情況順利的話——也在公司外，成爲一個成功的人。最重要的是，爲人們開拓一份自由，使他們能在公司內或生命中去做他們生而爲人認爲眞正重要的事，一些符合其人格特質的事，這也可以應用到我們的客人身上。我們每天都致力於使他們在這裡享有這份自由，讓他們在度假時能做他們認爲重要的事。所以，「自由盟約之路」是一個發展潛能的機會，無論是一個人的潛能，或一趟假期的潛能。

在我們的文化社團（公司裡的一個同儕團體）的聚會上，我們一起思考，對於發展個人潛能而言，什麼是最強烈或最有效果的刺激？結果我們很快就發現，這股刺激來自由不論階級職等，以平等視線彼此相遇的人所組成的各種平台，其目的在於共同投入一些有意義的事，並分享深刻感人的體驗。

我們改變思想的過程並非一蹴可及，而是一步又一步發生的，甚至完全沒有事先規畫。我們所做的每一件事，沒有一件是長期計畫。如果我們像擬定預算一樣去進行的話，就不可能做到現在的成果，因爲我們擬定計畫的想像力基本上不可能反映出各種實際存在的發展可能。我們一再獲得的經驗是，我們總是因爲自己的態度而推動某件事，然後事後才向某些人解釋我們其實在做什麼。因此，這種「以意義去領導」（Leading by Meaning）的做法，其實就像最近所謂的「企業志工」[11]一樣。好吧，這種學術上的「企業○○」，本來就不屬於我們語言習慣裡的用法。我們反而比較傾向說這是「人的潛能」，而不是「企業○○」。

11：Corperate Volunteering，即企業內員工自願參與社會服務。

04 不採取行動，就等著被操控

從二〇〇四年起，父親便讓我試著參與家族企業的事務。同時我發現了古倫博士所寫的一些書，但剛開始時我不知道如何應用所獲得的知識。當時我還沒意識到，如果我沒有把學到的知識應用到實際生活中，這些知識是沒有價值的。事實上我就認識許多這樣的人，他們去參加各種課程，直到自己無法勝任的程度；家裡各個書櫃放了滿滿的書，但他們本身卻沒有任何改變，也許除了在聚餐時大放厥詞、侃侃而談之外。但話講得多的人並無法改變任何事。繼續坐在觀眾席上當觀眾的人也是如此，問題是他們如何從坐在觀眾席上討論，轉變成走到比賽場上，並敢於參賽？

我們知道得夠多，但卻很少根據所知道的事去行動。同樣地，**我們管理得太多，領**

導得太少，無論是對我們自己或是對別人都一樣。在我身爲「修道院學生」的期間以及在那之後，我將自己所獲得的知識和練習彙整起來，使我能夠讓我的員工在一個我自己設計出的課程內，學習在修道院裡所學過和體驗過的內容。而無論是我、我的員工或甚至伴侶，都能清楚感受到其成效。僅僅是彙整內容，特別是在實際傳達這些內容時衍生的討論所帶來的效果，都比我自己在修道院裡所獲得的豐富許多。

而且我也可以在那些短期的自由盟約人身上觀察到這些效果。在第一梯次課程時，來參加的人包括洛姍．華弗格，她是蘇黎士二十五間老人照護中心的負責人；彼得．席莫及他的女兒維洛妮和兒子安迪。彼得．席莫是德國巴伐利亞邦和薩克森邦連鎖超市集團齊美爾超市的老闆。他們都在學習我傳達的內容之後，在自己的組織和企業內舉辦這樣的課程。當我看到這些企業組織裡的員工寫信來回饋時，眞是相當顯著的成就。例如在我停留蘇黎士期間，一位老人照護中心員工就寫了這樣的一封信給我：

> 我是蘇黎士老人照護中心的員工，並有幸得以在課程中學習到「自由盟約之路」。我已經尋找這種領導方式三十年之久，現在終於因爲我們的主任而使我的生命發生轉變，

而且我的員工們的工作日常也同樣因此發生轉變。拜您以及我被振奮的心所賜，如今我能夠創造一個幫助許多男女工作同仁找到更多意義與喜樂的工作環境。此外，我們也使原本是無底洞的業績起死回生。

蘿格．華娜　敬上

對我而言，這樣的回饋無疑是最美好的禮物。當我們所撒的種子透過各種課程，以這種方式萌芽時，無論是在原本的自由盟約人或短期自由盟約人身上，這對我而言已經是一種非常令人感動的鼓勵。

先認識自己，才能信任自己

二〇〇七年，父親在一起空難事件中喪生，於是我接手經營家裡的企業，而且使用相當「粗暴」的方式，並理所當然地認爲自己即使不是一位絕對頂尖的管理人，至少也是一位很聰明的管理人。我只專注於各種數字，並完全臣服於數字所告訴我的事。我只顧業績、營業成長、增加流動資金，並藉此贏過競爭對手。一切都要更高、更快、更廣。我用盡各種方法來訓練人，以達到增加市占率、提高營業額、降低成本以及將獲利最大化等目的。但這些做法卻使得員工們非常不高興，他們顯然覺得自己像一顆被擠乾的檸檬；在二〇一〇年，他們甚至直接表示不要我這個老闆。一份員工問卷調查的結果產生當頭棒喝作用，使我終於清醒過來。在這個關鍵點上，我接觸到聖本篤修道院的團隊。在多門課程裡，我開始學習如何領導我自己，和我的員工。

我總共當了一年半的「修道院學生」，雖然不是一直持續不斷，卻非常規律到修道院報到。在信仰上，我從來都不是一個非常堅定的人，但在這段時間裡，「上主」對我而言是「完美」的同義詞。人是完整的，但並不完美，我們永遠都不會百分之百認識自己；同樣地，我們也不可能百分之百理解上主。我曾經問過古倫博士：「尋找上主，和尋找自己之間到底有什麼區別？」他回答：「沒有區別！上主透過我們顯現他自己，也就是說，透過我們被造成什麼樣子，來顯現他自己。」

於是，我開始跟人們談起我的不完美。員工們的第一個反應是很生氣，因為在他們眼中，我站在一個很高的位置上並且是一個對所有事都有答案的人。對他們而言我是名符其實的上司，一個無所不知且凡事都管的人。可是突然間，我卻說出完全不一樣的話：「聽我說，其實我既沒有受過什麼專門訓練，也沒有唸完大學……而且中學成績也只是中下而已。」我把自己各種弱點和錯誤攤開，這也許和今天其他領導者的做法不太一樣。許多領導者之所以不這麼做，很可能是因爲擔心這樣做會失去自己的名望、肯定，以及失去自己被別人需要的感覺。在德國企業裡，許多事都消失在「完美」這張遮羞布之下。

我愈開始談論自己的弱點、恐懼和不安全感，愈發現自己和員工以及員工彼此間的關係變得愈來愈好。而且我也感受到，一個團隊愈開放，成員之間的信任和彼此協助的程度就愈大。沒過多久，員工們也受到鼓勵，敢於坦白自己的弱點。

這時候我們意識到，我們當中沒有一個人是完美的，但作爲人，我們有許多連結彼此的共同點。每個人都有自己的包袱要背，這份共同建立的認識是達到「人性化」、是使我們公司內人與人的關係獲得改善的重要第一步。在接下來的一段時間裡，我愈來愈不再被視爲一個自戀、不合群、眼中只有生意和權力的人。而且，我們彼此之間多了眞實對話的時間，漸漸不再彼此說長論短。因爲我們也意識到：我們之所以談論別人長短、之所以形成謠言或閒話，是因爲彼此的關係不好，因爲我們缺乏凝聚力。**一個團體愈強，**

謠言和背後說人長短的文化也就愈弱。

如果沒有信任，這轉變不可能發生，即使我們從一個充滿不信任、權力和衝突的文化，轉變到一個充滿信任、歸屬感、賞識和發展自我的文化，這個過程當中，可能在某些時候必須付出很高的代價，甚至到失去整家旅館的程度。因此我們最後獲得的感覺是，彼此信任是所有進一步發展的基礎。基於這個理由，沒有任何代價是太高的。

但只有我**先信任自己**，我**才能信任別人**；只有我**先認識自己**，我**才能信任自己**。關於這點，不久前我才對一位不斷向我抱怨員工一直跑掉的旅館同業說：「如果你希望員工不再跑掉，首先必須不再逃避自己。」而不逃避自己則可以透過個人反省獲得改善。尤其是那些極爲活躍，動不動就捲起袖子，認爲自己必須一星期工作七、八十個小時，同時又喜歡到處大聲嚷嚷，深信自己是世界中心的人，這樣的人不一定是有清楚的自我意識和能信任自己的人。即使他們利用自己的行爲去吸引身邊周圍的人，他們也相當以自我爲中心且缺乏自我意識。信任必須透過眞實的自我形象來建構。當一個人的態度（他堅守的價値）和他的行爲一致，而且不是在努力扮演某種角色時，就讓人特別能感受到他的眞實。每一個人都認識這種感覺，即當我們遇到一個眞誠的人時，會覺得可以馬上信任他。一個人的態度、行爲和語言不一致時，就顯得他好像是戴著面具一樣。在我們身邊周遭範圍內，誰會去信任一個戴面具的人？在我以前還是學生時，在漢堡打工的那家酒吧裡，我們稱這種人爲「躲在面具後面的人」，即那些光鮮亮麗、時髦花俏的人，當時我也想加入他們的行列。每個人都戴上一張面具，沒有人知道那張面具後面的人是誰，許多人都想藉著自己的外表來顯得自己比別人重要。一個人的自我意識越低，其自我中心（ego）就會愈大或愈強；自我中心愈強，所戴的面具就愈厚。

05

從籠裡掙脫

我們的這種轉變並不是突然發生的，而且也不可能突然發生，因爲雖然有些人願意馬上勇於嘗試新事物，但許多員工仍然需要傳統的工作方式。其實這也沒問題。用個圖像來比喻，最重要的不是將每一頭關在籠子裡的老虎變成野生老虎。許多企業就像一個馬戲團一樣，置身其中的員工在給糖吃和被抽鞭子的壓力之下，去做他們原本不適合的事。

我們在拍《無聲的革命》這部紀錄片時，就以一種特別的方式與一位馬戲團長相遇，並產生類似的體驗。他對我們以及他的動物（員工）的行爲舉止，正顯示出給糖吃和抽鞭子這個圖像的特色。在拍片過程中，在他的馬兒得到一顆又一顆糖的同時，我們卻被威脅如果不每二十分鐘付五十歐元，就像路邊停車的投幣機一樣的話，他們就要把電力切掉。

然而，有些員工一點都不反對被關在籠子裡，他們根本不想出來。即使籠子的門打開，他們還是需要籠子的安全感，並且覺得冒險和自由一點都不有趣。只有當某些人一方面想享有籠子給予的安全感，另一方面又抱怨自己沒有選擇食物的自由時，挑戰才會出現。聖本篤稱這種人是在發牢騷、無病呻吟。然而最重要的是，我必須知道自己為什麼要抱怨。因為如果找到相關的原因，這就是應該要重新調整的時候，就像在人際關係裡的情況一樣。有問題的是當這牢騷抱怨已經變成習慣的時候，因為這可能是內心反抗身邊的人，並因此也反抗自己和自己的生活的一種徵兆。人或環境都不是問題，我們對人或環境所抱持的態度和想法才是問題。

還有一件事值得我們思考：雖然我在籠子裡覺得很安全，但我同樣得依賴別人，依賴馬戲團團長、依賴老闆、依賴股東等。於是，我就更加沒自由去做我想做的事。如果我在自己的工作中看不到任何意義，我會覺得這是一份很累人的工作，因此就會開始抱怨。如果有些人在自己所做的事中找不到意義，而且這些人開始成黨結派時，就會形成腐蝕性的能量，而且以前面提過的那種形式來表現：說人閒話，和在人背後論人長短這種文化。

我之所以說這些，不是爲了批評。有些人需要多一點安全感，另一些人則喜歡自由。有些人覺得只要盡了自己的義務就很好了，另一些人則喜歡享受更自由的空間，是具有自由精神的人，這跟性別和年齡無關，只是跟個人的人格特質或個人的發展程度有關。重要的是，在依賴和自由之間，每個人都要找到自己的適當尺度，並意識到每個人在自己的公司裡都是被需要的。問題在於，一個人如何將自己的人格特質，以最佳的方式引進哪個位置上？

這一切聽起來似乎很難，但其實並非如此。如果我們從事一些符合自己人格特質的任務，或設定符合自己人格特質的目標，我們就不會覺得事倍功半了。就像前面所描述的，員工之所以感到挫折的一個根本原因是**缺乏意義**。大家都知道，讓他們感到挫折和筋疲力竭的另一個原因是上司的行爲；或者員工們被塞到根本不適任的位置。

看到一個快樂的人

在我們公司裡，我們認爲最重要的是接受一個人原本的樣子；之後才鼓勵他去參加這場獨一無二的冒險，也就是更深入認識自己，逐漸打開延伸自己的界線，並在公司內或公司外找到新的活動舞台。如果他們想嘗試這麼做，就可以在我們這裡得到這個機會。而那些根本不想嘗試的人，也不會知道自己可能錯過哪些機會；於是到某一天，他們就眞的開始抱怨、發牢騷了。即使換了一個公司，他們還是一樣會抱怨、發牢騷。

我們的目的在於看到一個快樂的人。我們知道，我們無法讓任何人快樂，但我們可以貢獻出一己之力，使得人們能找到讓自己變得更快樂一點的事，無論那是客人、員工、伴侶、孩子、老人、本國人或外國人。

在修道院裡的時候，我就一再問自己：「能眞正讓我感到快樂的是什麼？」我認識到，**重要的不是讓自己馬上變得快樂，而是找到什麼能讓我變得更快樂一點，或內心感到更滿足**。什麼會使我感動到流淚？我的天賦是什麼？我想賦予生命什麼樣的意義？我所找到的答案是：我願盡一己之力，幫助人們找到能讓他們更快樂一點的東西。我希望，他們也能有類似我已經找到目標時的那種感受。「看到一個快樂的人」，這就是我每天起床的目的。這句話已經成了我的使命宣言、我現在每天努力去實現的願景。即使有時我還是會覺得有點無法掌控自己，那也只是因爲我還沒有找到適當的尺度，或者又遇到「以前」那個「自我的博多」，而因此感到精疲力竭。

當然，幸福快樂是一個個人定義的問題。對我而言，幸福快樂的意思是毫無條件地去熱愛生命，也就是說**擁有一份能夠去做自己認爲重要的事的自由**。而我的生命意義，就這個思想脈絡而言，是看到快樂的人。身爲一家企業的老闆或身爲一個人，我可以創造出一些條件以便幫助人們找到使他們自己內心更開懷、更有幽默感、更從容自在、更快樂一點的事，進而使他們也熱愛生命，使得他們不要仇恨、不要埋怨、不要發牢騷、不要呻吟，甚至這些負面行爲都是在無意識中做的。快樂的人擁有更多能量，這可以從他們的臉上，尤其可以從眼睛看出來，他們是否是一個身心平衡、內心平靜且從容淡定的人，能夠應付所遇到的事，或者他們心裡在不斷牢騷埋怨。就「自由」這個面向看來——無論以前或現在，「快樂的人」都是我們的共識，它過去是我們不容更改的訴求，以後也一直如此。這是根據我們與快樂和滿足的人相遇時的內心感受所擬定的。

06

冒險是挑戰，不是威脅

我們每天都在面對著要應付各種變化的挑戰。變化意味要有行動，而行動又意味必須暫時離開安全的立足點，走進一些新的情況當中。可是許多人會覺得這是一種威脅。問題是我能夠做些什麼，讓人們將這假想的，或甚至是使人恐懼的威脅轉化爲挑戰並向前移動，而不是因恐懼而癱瘓。也就是說，讓他們願意接受挑戰，就好比這是一場冒險一樣。

今天，我們不停在動，很少有機會能平靜下來休息片刻，雙腳穩穩站在地上。因爲在這個複雜世界裡，一些都轉動得太快，而我們在其中移動的區域也變得愈來愈無法一目了然。我們經常無法在今天預料明天會有什麼事發生在我們身上。愈依賴這些不停變動的條件，就愈難以保持平靜和從容淡定。

所以，如果今天我幾乎不可能在外界找到支柱，我就需要不同做法。但到底是什麼樣的做法？在一個機會和風險都愈來愈多的世界裡，還有什麼能給我方向？一年之始所制定的各種計畫？不太可能，這類計畫的半衰期是如此之短，常常在剛制定好的那一刻就已經被丟到一邊去了。接下來呢？擬定策略是昨天的事，不停嘗試新的事物才是今天的事。因此，早在二〇一六年我們就已不再將時間浪費在擬定和監控預算上。在擬定預算的那一刻，也就是在規畫所有數字結束的那一刻，預算就已經失去它的意義，因爲條件早已變得不一樣。然而在許多企業裡，人們仍然根據擬定好的預算和核心數字系統在爭辯著。這種做法只會讓我們往過去移動，甚至當下會被這些不符實際的數字綁死。爲此，我們企業裡已經拋棄擬定預算這種做法，取而代之的是一種滾動式的規畫，即在一定的時間間隔根據已改變的事實去調整計畫。未來的領導將意味著：拋下對於領導的寬廣視野來說過於具體與設限的計畫，拋下以問題爲導向的做法，因此也拋下這是誰的錯的問題，拋下純粹且不成比例地深入探究原因的做法，而走向能啓動創新過程以及眞正相關且能帶來成效的各種問題。

我們不再去擬定假想的方向以及提出能保障安全感的各種策略，反而一再去嘗試新的事物。但問題在於，我該如何面對因爲這種行爲，以及因爲這種情況而造成的不安全感？**我該如何面對這些暴風雨的時刻**？

未來是一個奧祕

所以，我們又必須實實在在地在自我內心找到平靜。但該怎麼做？在今天這個複雜多變、不安又變化節奏極快的時代裡，我需要什麼才能保持平靜，保持從容淡定，既要保持強大又同時要有省思能力？是什麼使別人給我壓力或我給自己壓力，或使我害怕？害怕自己得到的不夠多？害怕自己比別人不足或比別人差？害怕自己不被需要？如果我們相信只有在一個更美好的未來才能找到快樂幸福，我們就眞的能體驗到安全感、平靜和從容淡定嗎？有多少人汲汲營營地追著這個在未來才出現的假想幸福快樂後面跑？「只要我跑得夠快、在職場生涯上一直愈爬愈高、愈走愈遠，一切將會順遂美好。」或者，這汲汲營營的追趕行爲只是在顯示我們的害怕，或者表示我們沒有能力面對自己？其實，我們不知道未來會發生什麼，未來是一個奧祕。也許這就是爲什麼描述當下的形容詞是 **präsent**，名詞時是 **Präsent**，即一份禮物。[12] 而我們只需要接受它就可以了。

如果我眼中只有未來，將生命看成一個跑道，目的是跑到終點，而且將重點放在以外在的物質表現出來，並讓別人來決定我得到什麼地位的話，我會過得更好嗎？我之所以感到不滿足、潛能之所以無法發展，其原因就在於這個一直持續且不願停下來的競賽嗎？或至少是因爲我不停地跟人比較？是因爲別人跑得比我快，事業比我成功、比我早達到目標，我的鄰居在我面前開著他的新車？萬一我的未來出乎預料地，突然很快就結束的話呢？我經歷過的兩個情況讓我意識到，**等待著未來的幸福快樂，或爲未來的幸福快樂而努力工作，是極度沒有意義的事**。其中一個情況是我被綁架並且綁匪作勢要處決我的時候；另一個情況是父親突然去世的時候。

而重點正在於此：我應該守著未來的目標，而且我假設必須要達到這些目標才能幸

12：德文形容詞總是小寫，**präsent** 意即「現在、在場」，但大寫之後則變成名詞，即「禮物」。

福快樂？還是我應該守著的是在我自己身上的東西，那些一直陪伴著我面對當下的東西，讓能我不受身邊所發生的一切騷動影響而仍然保持平靜的東西？這時，我心中浮起了大浪中的岩石這個圖像，無論狂風從哪個方向刮來或大浪從哪個方向向它撲來，這塊岩石——相對於風中的小旗——完全巍然不動。當我們身邊掀起暴風巨浪時，每一個人都想做一塊大浪中的岩石。

珊卓拉是我們的房間清潔女工之一，已經在我們位於庫隆斯博恩的飯店工作五年。大約兩年前她原本打算辭職。她覺得自己無法再忍受維持整潔這份工作，即清理房間和公共區域所帶來的勞累。尤其是這又與無法預見的巨大時間壓力有關時，更加重她的負擔。許多客人都在同一時間退房，另一批客人則幾乎於同一時間入住，而且這大多是突然發生的，事前無法預知。就像她的一些同事一樣，珊卓拉成了一顆被外在環境推來推去的球。因此她對自己的日常工作很不滿意，因爲這對她而言意味著**壓力**。

當她來明斯特史瓦扎赫修道院參加我們每年和古倫博士所舉辦的課程時，她開始面對自己。她問自己：什麼給予我平靜？什麼給我安全感？什麼能使我對抗那些讓我感到有壓力的事物？因爲事情本來就在，工作不會改變，反而會變得更複雜。我該如何面對它？」根據她自己的說法，由於在修道院裡晚上沒有電視可看，所以藉著這些問自己的問題，她開始領導自己並因此決定根據自己的意義去生活。因爲從拉丁文字源來看，「existieren」（存在）這個詞的意思是，從自己本身的本質去存在、去生活、去工作。

提出問題的人，就是在領導

藉由這種個人的深入思考，她開始理解到，自己擁有選擇用什麼態度面對事情的自由。而且由於擁有這種個人的自由與爲自己負責是息息相關的，她便學會了這件事：只有自己可以爲自己和自己的內心態度負責。就如同心理學家弗蘭克在描寫他發展出的意義治療法的過程時一樣，珊卓拉開始運用自由，選擇自己的內心態度。

在修道院裡，珊卓拉從默想開始，每天在各種儀式和空間中找到內心的平靜，就像她從修士們那裡所學到的一樣，於是她發展出能夠以更自主的態度去工作的心態。這些儀式讓她感到是她在做事，不是她被事情牽著鼻子走。這種面對自己的方式，讓她有省思的能力並且更能對抗外來的壓力。現在她知道，如果有人把事情丟到她頭上，有問題的是這個人而不是她。憑著這種內心的平靜，她能夠帶著高昂興致去做一些她曾經忽略的事，因爲她之前滿腦子只一直想著清潔房間和環境的事，而且認爲自己永遠都無法做完。

如今，由於她已經投入這場認識自己的冒險，她發現，之前所遇到的各種挑戰中都隱藏著機會，而且部分的挑戰還曾經是眞正的問題。她現在知道：我們的意識因爲危機和被誤導的發展而增長，所以需要各種危機來認識自己。而且這段時間裡，她也明白了哪間房間在什麼時候會空出來，以及什麼時候會有新的客人入住，基本上是無法改變或預先計畫的。所以，她只能清理一間又一間的房間，但不可能同時清理所有房間，這是絕對不可能的事。所以她只要到了某個時候，把所有負責的房間清理完畢，那就好了，她可以決定清理的順序，或者和負責的組長卡特玲事先協調。

於是，她不再是一個必須按照功能去運作的工人而已。她之前還一直認爲自己沒有時間從事休閒活動，自己不可以再對別的事感興趣，因爲這會使她工作分心，但現在她卻成功突破這個框框，走出只是匆忙把事情做完這種工作模式。她不再讓日常工作的重力把自己往下扯，領導自己走出自己的困境。她說：「除非改變自己，否則所有事都不會改變，而突然之間，一切都在改變……」

這個世界不是只爲了讓我們一切都順遂而存在，我們更不是爲了一直快樂而存在。生命不只是一個天堂而已，生命是爲了解決一些能讓我們成長的難題。而這是否是值得我花時間去做的有意義的任務，完全在於自己。對珊卓拉而言，清理房間和環境仍然是極度勞累的工作，工作本身沒有任何改變，只不過她現在以另一種心態面對這些工作及其他挑戰。而在她的案例裡，是她問自己的各種問題，或者更好的說法是：尋找這些問題的答案這個過程，使她能夠採取行動，擔負起更多責任。**提出問題的人，就是在領導**。提出問題的人，就是在讓自己或別人動起來。提出問題的人，就是在參與自己或別人的發展。於是，透過各種問題，一個旁觀者就變成一個參與者。

07 問對問題，從交差了事變願意負責

在許多企業裡，人們都在討論員工們允許或能夠擔起多少責任。但幾乎沒有人提出的一個問題是，員工們到底願不願意擔起責任？我們總是按照以往的經驗生活，到目前爲止對於別人提出的問題，領導者總會給出答案。

擔起責任的意思是，**對所堅持的具體問題找到答案**。擔起責任的前提是要主動。責任與參與有關。反過來，那些不擔起責任而只是旁觀者的人之所以會如此，是因爲他們不主動參與，於是他們就無法成爲玩球的人，而是那顆被玩的球。

當然，老闆可以分派責任。我們給員工機會去找出某個任務的解決方法，但這是我們在不知道員工是否願意的情況下，單方面所分派的責任。可是，身爲領導者，我能做

什麼來提升團體裡願意負起責任的意願？一個很好的可能是，將一切翻轉過來，即**開始向團體提出各種問題**。

原則上，三個臭皮匠勝過一個諸葛亮。對於一個問題或任務，經過建立共識之後，一個團體會比較願意採取主動並擔起責任，而且是眞正的責任，不是我們在某些人身上所看到的形式負責的方式。比如在某件事出錯之後，團隊裡的一位成員告訴大家他會爲此負起全責，並且下台一鞠躬，但**眞正的擔起責任是留在自己的錯誤旁邊**，**不是馬上跑掉**。

透過領導者所提出問題以及團隊回答問題這種方式，原本是旁觀者的員工變成了參與的員工。此外，員工的參與度也是使他們覺得自己與團隊或事情的結果有關係的一個重要前提。關係是人的另一項基本需求。因此，作爲領導的工具，提出問題不僅使公司裡的人們願意擔起責任，而且還可讓人們感到彼此更強烈地連結在一起。

在我看來，直率、聰明和有意義的問題絕對是很好的領導工具。透過資訊，我們可以清楚知道和認識情況；但透過問題，則可以使人形成意識和行動。而眞正使人們能夠動起來的是向他們提出好的問題。**領導自己和領導別人最重要的能力或特質就是，能夠**

提出好的問題。此外還要有提出問題的意願。我們的經驗是，與這種意願相反的常常是極高的專業能力、低落的自我價值感或過大的自我。無論如何，都要養成問問題的能力，對自己，以及在公司裡。

身爲領導者，如果我給出很多答案，很有可能在我身邊會聚集愈來愈多唯唯諾諾者，他們是旁觀者和被嚇呆的人；或者是一些被動的人，心裡帶著愈來愈強烈的不滿而去完成自己該做的事的人，但他們絕對不想擔起責任。幹嘛要擔負責任呢？反正有的是負責任的人。對這些員工而言，乍看之下這樣甚至還更簡單、安全。只不過如果有什麼事成功的時候，他們就無法同樂。於是最後就只有一個人感到快樂，那就是老闆，而他也是得到報酬的那個人……

此外，身爲領導者，在某個領域的專業能力愈高或工作經驗愈長久，就愈難提出問題，因爲可能早就知道各種問題的答案。如果我告訴員工們這些答案，很快就可得到一個結果，而且這個結果絕對管用。而那些學得沒我多或經驗沒我豐富的人就是不夠聰慧，所以才找不到正確答案。「等你變得像我這麼老的時候就會懂」，這是可以馬上讓很多人認服的理由，而我們當中很多人在讀書或受訓期間都碰過這樣的說法。這類說法不僅貶低對方，甚至是清楚地告訴他：「我無所不知，而你則什麼都不知道。」

這種做法讓主管有被需要的感覺，讓他覺得自己是無可或缺的，即使他並沒有意識到這點，但員工的感覺卻完全相反。也許這就是爲什麼蓋洛普二〇一一年的一份問卷得出以下結果：德國有六六%的員工「照章行事」，而多達二三%的員工把工作當糊口。

然而，如果我提出許多誠實、尤其是聰明和有意義的問題的話，我就是在讓員工參與一件事情的發展。這件事情發展得愈有意義，人們就愈興致高昂，而興致高昂的員工比較願意擔負起責任。所以，事情發展的品質與所提問題的品質強烈相關。因此，**找到有意義且引領人走向目的的問題，是領導者的任務**。

但這也取決於提問時的態度。同一個問題並不一直都是同一個問題，如果先前那位本來是旅館業外行但後來變成自由盟約人、且擔任經理的塞巴斯提安問他的團隊一個問題，如：「你們爲什麼要這麼做呢？」團隊很快就會感受到這是一個直率的問題，這個問題誠實地顯示出他對正在發生的事感興趣。透過這個問題，團隊覺得自己的能力獲得肯定，覺得自己身爲人受到尊重、被納入團隊裡。

而在另一家旅館裡，我們最近有了一位在連鎖旅館業有多年豐富領導經驗的經理，他在那裡也很成功，但他提出的同一個問題會讓整個團隊有不一樣的感覺。由於他在經營旅館方面有非常傑出的能力，也很喜歡賣弄這種能力，同樣問題引起的是害怕和惶恐不安。團隊會覺得，這個人的知識比我們豐富許多，如果我們給他一個答案，可能馬上會反過來得到一個自認爲了不起的人所給的答案，就好像德國「醫生合唱團」（die Ärzten）所唱的〈自以爲無所不知的男孩〉（*Besserwisserboy*）。我很能理解這些員工的感覺，因爲我最近也在這個人面前感到自己的不足。所以：**同樣的問題會引起什麼結果，一向取決於我提出這個問題時的態度**。

自己做決定，並堅守決定

在許多公司裡，也包括我自己的一些旅館或部門裡，情況仍然是反過來的，即員工提出問題，領導者給答案。但這些員工提問時的動機卻常常完全不一樣。有時候，員工之所以提出問題，只是爲了刷存在感，他們想用這些無關緊要的問題引起關注。有好長一段時間，我就遇到這種事。有一位員工固定跑到我辦公室來，只是爲了問一些最簡單的問題：「嗨，我想問這件事我們應該這麼做，或那麼做？」僅僅以「應該」來開始這個問題，就已經告訴我，這位員工還沒完全擺脫對傳統領導的命令唯命是從的想法。在我用別的方式給予這位員工更多關注之後，即偶而一再問他過得好不好、工作情況如何等，他整天跑來問問題的行爲就消失了。

至於其他員工，我的感覺是他們之所以提問，是因爲還沒準備好擔起責任，無論是有意識的或無意識的。於是，我會提醒這些員工去看看我們的核心價值。這時候要看的價值是「負責」這一項：「自己做決定，並堅守這個決定。」我會藉著以下方式去強調這項價值：我會至少提出一個相反問題讓這位員工回答，並鼓勵他將自己從找答案這個過程中所獲得的認識，付諸行動。

根據我的經驗，有另一些員工之所以提問，是爲了替其他工作爭取一些時間。只要他們還沒有得到任何答案，還沒獲得任何決定，與這個問題相關的工作就會暫時停擺。我覺得，只有極少數的情況裡，這些員工是因爲眞的不知道接下來要做什麼，或依賴我的回答才提出問題。大部分情況裡，在經過短時間思考後，他們就已經找到非常好的答案和目標導向的解決方法。他們只是需要一點點的關注、鼓勵，以及這種心理建設：萬一事情沒有百分之百成功，世界也不會毀滅。

如果員工自發提出許多無關緊要的問題，這會使事情的進展慢下來，甚至卡住。爲了終止或預防這種情況，我可以給予員工關注，尤其要給予他們信任，而這又特別可以透過我向他們提出問題來實現。於是，除了責任和關係之外，身爲領導，我又有另一個提出問題的重要理由，即：**給予關注**。從這個價值以及它所導出的行爲，我們得以知道，許多員工感到不滿足，是因爲他們作爲一個人的身分或他們所做的事沒有得到關注，尤其涉及到那些我們認爲是理所當然或簡單的任務時，更是如此。

我常有這種感覺，即過去我們一直只特別關注那些優秀的表現。於是我們的眼光很快又落到那些給予答案的領導者身上，他們傑出的答案和表現會獲得特別多的關注，比如：以紅利的形式。而團隊裡的其他人，例如房間清潔女工、洗碗工和其他人就被忽略掉了。

讓我感到特別深刻的，是上一次造訪在烏瑟多姆島的旅館時看到畢約恩的行爲，他已經在公司工作二十年，而且最近成了這家旅館的主廚。在這家旅館裡，就像在我們其他旅館一樣，我習慣在一到達當地或傍晚時分到廚房溜一圈。每一次我到廚房去，就看到畢約恩在削馬鈴薯或洗鍋子。在一般情況下，主廚總是享受著不必做這些事的特權，但藉由擔起這些大家認為理所當然的工作，他讓自己的團隊（從洗碗工到負責準備醬汁的副廚）有一種感覺，那就是整個團隊裡所有人和所有工作都很重要。

08
知道自己所知有限

我們得到的認識是，專業能力高的人很難使別人動起來，也很難去實行這樣的領導方式：「提出問題的人就是在領導。我能做什麼以使別人負起責任？」有些人實在沒辦法那麼容易提出問題來讓員工回答，因爲在專業上實在太能幹了，而且就像前面說的，直接把答案告訴他們快多了。這是一個假定的好處，至少短期內是好處，因爲這個短期的好處會發展成一個長期的壞處。人力潛能發展部門的一位自由盟約人羅伯，在他的個人資料裡寫下一句非洲諺語：「如果想走得快，就自己一個人走。如果想走得遠，就和團隊一起走。」

基於這個原因，如果在領導職位或關鍵職位上是一位所謂的專家時，我對團隊裡的成員負起責任的意願大多抱持懷疑態度。所謂專家，在我們這一行是高資格的旅館業專門人才，或在傳統連鎖旅館界有多年經驗的經理人，在另一些行業裡則是高度專業的工程師或學者。領導者的專業能力極高，常常會阻礙個別員工，使他們缺乏負起責任意願。

這意思是，激發一個團隊的成員產生責任感的最佳先決條件是，「教練思維」（Coaching-Gedanke）：**我知道自己什麼都不知道**。我完全沒有概念，因為我真的完全沒有任何概念，或者我很會裝出一副自己好像什麼都不懂的樣子，所以我現在要向你們提出問題。最重要的是，前面提到過，身為一位提出問題的人，要能提出好的、且指出方向的問題。而這需要大體上對企業、對這個領域或這個部門有所認識，並知道重點在哪裡，而且還要對邏輯和心理學之間的關連有所認識。

所以，**領導者的專業知識愈少，就愈容易用提問的方式去領導**。或者帶著教練的態度參與一個團隊：「你們想怎麼解決這個問題？」當然，如果問題問得恰當，而且隊員又有相稱能力或願意發展相稱能力時，團隊當然會願意去找解決方法並付諸行動。所以，一位領導人物的挑戰是：**提出能鼓勵團隊去找答案的各種問題**。

以建設性態度面對錯誤

以建設性的態度面對錯誤，則是使一個團隊願意負起責任的另一條件。萬一事情出了什麼差錯，這不會被評價或被判斷爲負面，而是被視爲使個人進一步發展的機會。那些仍靠預算營運的企業可以就這件事去進行思考，他們不能將事情出錯所造成的成本就這麼歸入到一筆預算裡。

綜上所述，要在一個團隊裡產生責任感，有三個重要面向：

- 領導者的一個根本任務是提出能指引方向、直率和有意義的問題。
- 團隊有機會透過回答這個問題，而參與一項有意義的解決方案。
- 員工們敢以自己負責的方式將解決方案付諸實行，且實行過程中的可能錯誤不會被處罰，而是視爲發展機會。

從這點可清楚看出，今天的企業不再需要傳統的領導者，這些老式的領導者會將所有任務攬到自己身上，以安排得滿滿的行程突顯自己的重要性，對每一件事都有一個答案，而且整個企業的發展都單獨依靠他們。未來需要的領導者是這樣子的：他們**能夠聆聽，也願意降低自己意見的分量，並能夠接受妥協**。他們身邊聚集比他們更有專業能力的人，並因此能爲他們創造放下各種任務的最好先決條件。這些領導者能夠看出個人的潛力，也能夠引導發展這些潛力，還能對個人或團隊傳達一個任務的意義何在，並透過聰明的問題，協助員工們找到共識以及解決這個任務的途徑。而這一切又需要這個先決條件，即這些領導者抱著謹慎態度關注各種事務。然而，從純生理學層面來看，由於一直以「渴望更多」這種方式來表達內心的不安，以及因擔心自己永遠得到的不夠多，因爲受到身邊環境壓力而造成永遠都在匆忙追趕的做法，已經奪走這些領導者謹慎關注的能力。在狂醉和逃避的模式裡，無法看到身邊的美好事物。

09——和諧到使人想吐？

我們不可以抱持一切都是美好的、所有人都彼此相愛這種錯誤信念。不，我們公司並非如此，正好相反。常常許多人都認爲和諧很重要，但在我們的課程裡，我們經常討論和諧帶來的各種風險。就「對你而言，什麼是眞正重要的？」這個問題，我們一再得到的回答是「和諧」這個價值。可是當將這個價值歸類爲具體行爲方式並討論它的長期作用時，大部分參與討論的人都發現，一種過於以和諧爲導向的行爲，短期之內雖然能達到目的，然而長期下來反而會導致混亂或甚至同室操戈。這原因在於：如果爲了保持和諧而一直「呑下」一些不喜歡吃的東西，一些很苦的東西時，我的內心會變得苦澀不甘，到了某一天我會覺得很難受而必須吐出來。於是事情就會這樣發展：由於我長時間以來基本上一直抱持不同的看法，由於我一直經受著一些不符合我本質的事，由於我不想引起爭執、破壞和諧，我等於是戴著好人的面具在參與一場惡質的遊戲。但在我完全沒有意識到的情況下，我的「噁心」已經影響到整個團隊。

我們的經驗是，正是那些認爲和諧無比重要的人，破壞了企業內部氣氛。不僅團隊如此，個人也是。那些經常口是心非的人，即心裡其實反對，但只是爲了不要讓自己被排擠或息事寧人而表面上贊同的人，到某一天會像古倫博士所說的，像火山一樣爆發。

基本上，我們必須面對的挑戰會一直存在，而且未來可能還會變得更多。在我們公司裡，事情發展出錯的可能性明顯高於以傳統方式領導的公司。這是因爲萬一事情沒有按照我們所想的方式發展時，我們不會馬上重新分派任務。當然，對一位領導者而言，馬上介入並使事情很快回到軌道上是比較愉快的事。然而我們爲此要付出的代價可能是，這個團隊失去責任感，而且整間旅館的發展也會只依靠一個人的能力。如果事情沒有走向正確方向，其他人就會想，沒關係，反正總有人替我們收拾善後。

我們在北海岸的其中一家旅館就遇到這樣的情況。幾乎十年來，那裡都是以領主式風格在經營，營收上雖然很成功，但在我們看來，人性方面卻不及格。多年以來這家旅館的經理人憑著他所給的答案，以及用「這都是爲你好」這個理由所做的專橫決定，甚至政治上的行爲方式，完全不給團隊有任何機會可以、能夠或願意負起責任。

有趣的是，儘管我們強迫性地換了經理人，但根據員工意見調查，這家旅館的氣氛並沒有好轉，而且各種數據也紛紛往下掉。短短兩年營收掉了三〇％；顧客滿意度從九七％掉到九五％。因換了經理人，可以清楚看出到目前爲止的管理方式導致這個結果：從客人的觀點看來，這家旅館部分的部門主管和員工雖然不錯，但也只是做了身爲旅館主人的工作而已。他們不太想跟同事或甚至跟自己培養關係。以下這句話明顯反映出這種態度：「我可以從中得到什麼？」多年以來都是以接受領導的命令這種方式工作，以及因而養成的行爲態度，使這家旅館的團隊不得不被動行事，而且缺乏尋找解決方法和擔起責任的意願。

即使我們對個別自助的員工提供協助和教練式培訓，這家旅館的情況仍然沒有改善。儘管個別的團隊成員主動改善旅館內的氣氛和員工之間的關係，但從最近的員工問卷調查的結果仍然可以清楚看出，這些主動發起的做法並沒有顧及自由盟約以「意義和人」爲導向這個原則，只是處理眼前的問題而已，因此相當沒有成效。在我看來，這些爲了改善氣氛的活動只是一種證明其成效的假象，而且這個成效原則上只是關於「我」，而不是關於「我們」。「看哪，我爲你們做了這麼多事。」就這點看來，這個團隊顯然還沒克服之前那位領導者所造成的創傷。

鼓勵團隊主動解決問題

我還清楚記得以前那位經理，他時時都在想著如何在別人面前表現出極好的樣子。他底下許多員工都說：「如果完全照著他的意思做，你就沒有問題。可是如果不按照他的意思去做的話，你就慘了。他會受不了，開始大發脾氣，接下來你就完蛋了。」也許這就是爲什麼一些部門主管無法擺脫這種以自我爲中心的行爲態度，而且這種行爲態度對整個團體既無效又不利。我們會重覆自己經歷過的事，唯一的不同是，當事情沒有按照他們的想像去發展時，他們不會到處打人或被批評，而是把自己變成一隻犧牲的羔羊。「看，我爲你們做了這麼多！你們都沒有看到，都不知道感激。」於是這種犧牲羔羊的氣氛就滲透到整個團隊裡，即使始作俑者早已不在。

兩年多之後，這家旅館的生意已經到了許多帳單都拖延很久才能付清的情況，新的經理在一次談話中請求我提供一些不是從該旅館營利所得的額外資金給他，特別是用來進行重要的投資，我拒絕了他的請求。如果造成這種情況的原因是市場或其他特殊外在環境因素的話，我當然會做出不一樣的決定。然而，造成這種情況的唯一原因卻是一些領導者和部分員工的有意或無意的態度。

但我事後也必須帶著批判的角度自問，我的哪些行爲導致這種情況，或我錯過了什麼，使這個旅館團隊到現在還沒辦法像其他大多數旅館一樣發生轉變？

儘管身爲該旅館的擁有者，我們在分配股利時一毛錢都沒有拿，而且營運的最低目標只是爲了保障員工、供應商和銀行有收入，以及未來進行可能的投資。我原本已經打算，最糟糕的情況是把這家旅館關閉。但我希望讓所有參與的人，尤其是經理以及他的團隊，採取更多行動以保障自己的未來。

這個團隊開始積極主動參與並深入探討「自由盟約之路」的成功因素，在接下來的時間裡，這個團隊發展出願意擔起責任的意願，並以更有創意的方式尋找解決方法和採取以團隊爲導向的做法。在我拒絕提供資金之後，那位經理和其團隊的部分成員開誠布公地面對這個情況，並詢問個別成員，他們願意做什麼來使旅館的營運好轉，並使重要的各項投資得以執行。

於是，團體意識透過各種挑戰而形成。爲此付出的代價有時的確很高，但經過共同克服一個危機之後，一個團隊內的學習和發展曲線、團隊內的關係以及擔起責任的意願基本上都會變得比較高。這類發展過程的先決條件是要能保持理性、盡可能不帶任何價值判斷，因此能平心靜氣地進行以找到解決方法爲導向的思考。

10

爲什麼我是現在這個樣子？

爲了不僅讓這個進程能夠啓動，而且還要執行得很好，在過程中不要區分什麼是好什麼不好、什麼是對什麼是錯，會很有幫助。更不要說：「甲很好，而乙很差。甲是對的，而乙是錯的。」「對的」這個詞就已經暗示有「審判」的意味，但我們不是判官，領導者也不是，我們只不過是思考事情的原因和影響。重點不在把某些事呈現爲好壞、對錯或智愚，而是去分析一個具體行爲的影響。如果我們嘗試以不同眼光去看待所謂的錯誤或錯誤行爲，這會帶來什麼結果？所以，非常重要的是我們應該要避免評斷，盡量不帶任何評價地描述。我們有幸得以體驗到，爲了使人與人之間能夠成功相處，這點非常必要。

在公司內部課程，我用一個非常生動的例子來說明這件事，而且大多會引來許多笑聲。在上課時，我會離開教室一會。在走廊上，我拿起半杯水——這是我故意事先放在一個地方的，然後將杯子裡的水一下子倒在自己身上。之後我回到教室裡對學員們說：「我剛從廁所回來。」他們第一個反應是大笑，每個在場的人心裡一定在想：「哈，他一定連尿都尿不好！」我也大聲將這種想法講出來。我向他們解釋：「如果你們剛才心裡在想博多連尿都尿不好，這就是在評價。如果你們心裡想的只是『他褲子濕了』，這就是描述。」評價和描述，兩者之間有很大差別。評價會引起情緒；描述則是對事不對人。褲子濕了，沒什麼別的，就是濕了。可是我們卻不斷在評價，甚至評價自己。這使得我們產生負面感覺，而且我們當中有很多人在用這些負面感覺折磨自己。

謙卑，意識自己不完美

這時候，**謙卑**就可以發揮功用，這是我從古倫博士那裡學到的。謙卑是從上往下走，進到自己心靈深處並正視自我黑暗面這份勇氣。謙卑讓人意識到，自己並不完美，身上存在許多對立面，而且這些對立面是人格的一部分。我做了一些自己不特別擅長的事，而且目前還一直在做。我造成一些錯誤，但這些錯誤屬於我個人。接受自己的黑暗面是一件很好的事，因爲如此一來它就會失去威力，因爲它的反抗力無法再增加。因爲我沒辦法就這樣跳過它，就像一句諺語所說的一樣，我只能小心翼翼地對付它，並注意不要讓它投射到太多的人身上。

自己走上這條路，願意去發現自己到底做錯哪些事並承認，需要很大勇氣。如果我心裡抗拒，不願承認自己的錯誤：「我才沒有犯任何錯，我絕對不可以犯錯。」然後，只要事情不完美的時候，我就會產生一些情緒，比如生氣、憤怒、不滿，而這種負面情緒使我盲目，讓我看不到從這些錯誤中能夠產生的機會。造成這種完美主義的原因很多。在我們努力認識自己的課程裡，我們得到的經驗是，造成完美主義的一個重要原因是個人在童年早期、中小學或其他教育訓練期間有被貶低的感覺。有一位學員告訴我，她仍然清楚記得，她的父母在她面前不斷強調，要同時顧及工作與家庭有多辛苦，每天要照顧孩子的林林總總各種事情又有多累人。作爲孩子，這位學員得到的訊息是，她自己成了父母的負擔。所以她就養成一種習慣，要求自己做到完美，以肯定自己存在的價值，並且希望獲得父母重視，成爲父母的榮耀而不再是負擔。

在另一門課裡，學員們回顧自己人生中曾經聽過的種種說教：「你這朝九晚五的小職員不會變成老闆。」「沒有努力就沒有收穫。」「你現在是做學徒，可不是做老闆。」「只要你還住在我這個屋裡……」「等你到我這年紀的時候……」「殺不死你的，只會使你更強。」「別在那裡無病呻吟。」「你看看你，以後一定一無是處。」這些話讓我想起埃姆登一位中學老師交給家長的一封信：

親愛的六班家長：

在此告知您文法考試的結果。考試結果不錯：四次九十分；五次八十分……同時告知您星期五單字考試的結果：一次九十分，一次八十分。

另外有點頑皮、懶惰，和欠缺獨立自主能力。

這封信所顯示的，就是這位老師的教育方式源自一種負面評價，帶著判斷、高傲態度，就像在一個軍事化社會或德國經濟奠基時代期間高舉以下價值的那種態度——服從、勤奮、紀律等，但這都會使聽到這些說教的人感到被貶低。這位老師很可能在童年時期也遇過類似經驗並「受傷」。這裡的挑戰是如何正視這種因爲抱持負面評價而形成的教育悲觀主義，也就是只看見學生缺點的人。

雖然這些價值來自久遠的過去，但現在還是有人在使用這些價值來貶低人。這種被貶低的自我形象會使得一個人的心裡也會抱持這種悲觀印象，因此會一再想辦法去矮化別人，讓自己顯得更偉大或覺得更優越。或者我們會一直記得這些錯誤並避免犯這些錯誤，於是一位完美主義者就此誕生，不斷追求超出自己限度之外的結果，以獲得一〇〇%裡的最後那五%。結果就是身心耗竭。

但如果我接受自己的錯誤，告訴自己「我並不完美，我不必完美，我現在的樣子也很好」，我就可以從中獲得力量。因爲我將負面情緒的根基抽走，所以它也跟著失去威力。於是，我就不會一直再去撞牆，而是能夠對自己說「我可以從錯誤中學習」，如果我能夠面對那些錯誤的話。我們原本就不完美，這其中還包括我們自身擁有一些別人多少也擁有的特質，這是領導者之中盛行羨慕或嫉妒這些情緒的一個重要原因。尤其是當他們內心的評價系統得出這個結果時：「別人比我更好。」唯有當我去描述自己身邊發生的事而不是去評價，才有可能擺脫這種評價行爲。

我爲什麼會是現在這個樣子？回答這個問題才能讓我們摘下面具，況且我們經常沒有意識到自己戴著面具。在我們自己舉辦或修道院舉辦的課程裡，我們也鼓勵自由盟約人探討這個問題。回答這個重要的根本問題，能幫助我們辨認出一個清晰的圖像（或自我形象），即自我領導的目標。

我們心中的人像取決於我們每天接受的各種影響，媒體的影響、社會的影響，以及我們身邊其他人的影響。但這個人像更強烈受到自我形象的影響，而這個自我形象則是透過教育發展出來的，透過父母、師長，以及身邊其他人給我們的教育。比如，有個人在小時候，他獨一無二的尊嚴沒有得到尊重，也許人們曾經嘲笑他的感受。也許是上面描寫過的那些說教式教條或類似下面這種話：「你簡直沒用。你動作怎麼這麼慢。你是我的負擔。看看你長的這個樣子。我之所以過得這麼不好，都是你的錯。」有時候連這種話都不需要，只要一些相對應於這些話的行爲，就可以在一個人身上造成同樣效果。於是只要一有事情出錯，我們就會把錯攬到自己身上。簡言之：我們出生時本來是原版，但之後很快就變成身邊各種人所抱持的形象、想法或態度的複製版。

只有清楚知道自己眞正是誰

我曾經和一個人聊過，他小時被父母和祖父母告知，他們原本不想要他。「你根本不在我們的計畫之內，所以現在我們有了麻煩。」這種話造成的傷害是讓這個孩子覺得自己是個被拒絕的人。有趣的是，我們觀察到這個人今天如何處理被人拒絕的經驗：他使出難以置信的努力，去讓自己和其他人感到自己是被需要的。當他努力做的事被拒絕時，例如客人說：「這道菜不好吃。」那麼他就會爆發出極端的負面情緒。可是如果這個人能意識到爲什麼自己會對被拒絕有這麼強烈反應，他就比較容易去面對被拒絕的經驗。

另外，從前與一位實習生的談話，也讓我看到「爲什麼我是現在這個樣子？」這個問題，可以造成什麼樣的正面效果。他告訴我：「三十多年來，我一直以爲自己在過著想要的生活。一直到在你們的課程裡醒來，發現這根本不是我想要的生活，我過去一直活的是父母想要的生活。小時候我很少被允許自己做決定，父母告訴我必須去上哪間學校，應該去從事什麼運動，甚至所有的事都是按照他們的計畫來，包括我現在的工作。

在認識到這一點時，剛開始很痛苦，對於自己現在正在經歷的事，我根本無法用任何言語描述。但如今我過著自己想要的生活，而我的朋友根本認不出我來了，我覺得這很有意義。」因此我們必須認眞思考自己的自我形象，這極其重要，無論是有意識的或無意識的自我形象。只有我們清楚知道自己眞正是誰，認識到眞正的自己時，我們才能做出自主行動，而不是被人牽著鼻子走。我們對眞正的自己認識愈深，就會變得愈自由。所以，自我認識是自由的一個重要先決條件！

安德烈認識自己的故事也是非常緊張刺激，他是市政府裡一位主管級職員，因爲參加一門領導進修課而在我們這裡聽了四星期的課。他將自己的發展過程寫成一份報告，標題是「從 Spunk 到企業號」：「在參加你們課程第一個星期時，我覺得自己就像自己發明 Spunk 這個新字的長襪皮皮（Pippi Langstrumpf）一樣[13]。我聽到一些無法理解的

13：瑞典作家阿斯特麗德・林格倫（Astrid Lindgren）同名系列兒童書籍中的主角，九歲的皮皮總喜歡做一些稀奇古怪的事。有一天皮皮想出用 Spunk 這個字去表達一個無法用她所知的語言去精確描述的東西，於是就用這個字去描述生活裡很多東西，但身邊的人都不知道她在說什麼。

概念、詞彙和句子。我大學讀的是企管，而且有實務經驗，但我在課程中所聽到和看到的事，是我到目前爲止完全陌生的。

「第二個星期，我參加課程的第三階段，結果我覺得自己簡直在坐雲霄飛車。雖然內心受到強烈震撼，但還是覺得我從哪裡來，就會回到那裡去。但第三個星期參加課程第四階段時，情況有所改變了。當時我覺得自己像在坐水上雲霄飛車一樣。我被震得更厲害，並非常確定我不會再回到原本的位置了。

「在上課程的第四個星期，也是最後一個星期時，我覺得自己就像坐在『企業號』這艘宇宙星艦裡一樣。我開始在內心冒險並航行到無盡的遠方，進到在我之前沒有任何人看過的內心深處，而且我意識到自己的渴望到底是什麼，每天爲了什麼目的起床。」

安德烈的發展過程，讓我強烈聯想到縫紉機上的線圈以極高速度捲線的畫面。我還清楚記得第一次和他共乘一部車的情景。當時他給我的印象是，我在和一位典型公務員說話，至少是我想像中的公務員。「我們必須如此這般行動……」才四星期後，我看到的是一個已經轉變的人坐在我面前。當他談到在我們這裡的自我發現時，不僅他的身體姿勢和眼中的光芒變得不一樣，連他使用的語言也變得不同。我看到的是一個眞正發出光芒、擁有熱情活力的人。可是當他說到自己工作的時，一切又突然變成還沒來我們這裡時一樣。好吧，安德烈很快會抛下他的官僚主義，將自己綁在自由盟約這棵樹上並與我們爲伍。

你所意識到的自我形象是什麼？你如何評估自己？你想如何描述自己？你的能力是什麼？你的尊嚴是什麼？你的獨一無二特質、你的人格、你的脾氣是什麼？這些是我在修道院裡的時候，古倫博士利用許多聖經故事和各種練習向我提出的問題。即使我的自我認識過程並沒有像安德烈一樣在四星期內就達成，這些問題卻是讓我走上「找到自己」這趟旅程的起點。

我從聖本篤修道院團隊那裡學到的一個練習，是一個很有用的方法，我也把這個練習應用在我們的課程裡：

練習：**我以前如何被領導？**

1. 請寫下三個曾經領導過你的人的名字。

____

____

2. 請寫下這些領導過你的人的具體行為方式和活動。

____

3. 請回顧這些行為和活動，並給予每一個行為和活動評價：

＋＋ 對我很有幫助且能讓我提升

＋ 對我有幫助

－ 對我不太有幫助

－－ 給我造成很大問題

＋－ 既有幫助、又造成問題

	行為方式＼活動	評價
1		
2		
3		
4		

這些領導行為＼活動傳達給你什麼樣的價值、原則和教條？

____

____

____

11

認識自己，是我們的消遣

不僅房務員姍卓拉爲自己必須一直工作個不停而感到苦惱，其實領導者也有同樣問題。特別是那些即使在下班時段也根本沒時間追求自己的興趣，只在所得到的獎勵中迷失自己的領導者。對於領導者而言，這些根本不是眞正的身心平衡，而是沒有靈魂的消遣娛樂。對員工而言，獎勵可能是公共空間裡放一架手足球檯，在大一點的公司裡則是公司擁有的游泳池或網球場。對我而言這些東西屬於消遣，會轉移我們對更深層事物的注意力，好處頂多只是幫助我們暫時不審視內心的挫折感，但無法讓我們以有意義的方式深入認識自己。我們的重要任務在於發展自我意識，將重點放在這些活動並無法達到這個目的，因爲過度消費和不斷尋求各種享樂只是在虛度一種無意義的生命。也許，這正是我們的商業模式以及為其結果負責的領導者們，在尋找意義這方面也有困難的原因。

這類消遣反而使我們遠離自己，因為它引誘我們不要把注意力放在自己身上。然而，深入認識自己是發展自信的基礎。為了做到這點，我需要什麼？為了發展我的自信，為了能讓自己敢於從事某些事，我必須知道自己可以做什麼。而為了知道自己能做什麼，我又必須用心察覺。我們所做的許多事都會分散我們的注意力，使我們無法用心察覺，因為我們總是過於忙碌或被迫過於忙碌。

基於這個理由，在自由盟約的一些部門裡，我們的「休憩區」看起來有點不同。我們的做法是鼓勵冥想和提出有意義的問題，而不是去玩手足球檯和其他娛樂。常有些來到我們公司的人，看到公司並未提供「娛樂天堂」，而是簡單樸素的辦公室時，都覺得非常驚訝。

我們之所以一直在做某些事，是因為無法忍受寂靜，無法忍受安靜。就像古倫博士所說的，我們害怕面對自己，害怕會有些讓我們感到不舒服的東西冒出來。然而在平靜、寂靜中去認識自己，認識自己的想法和感受，這是極其重要的。從這份意識當中，我們能發展出對自己的信任，以及之前提到的，對他人的信任。所以，如果我想改變某些事，在我自己的領域裡，在我的部門裡，在我的公司裡改變一些事的話，我得到的忠告是：**首先從自己身上開始，而且只從自己身上開始**。這裡所說的不只是針對領導者而已，而是每個人要對自己下的工夫。

無論就哪一方面來看，信任別人都是使人與人之間發展出成功關係的基礎。而將這份關係營造得讓別人也在這份關係內過得好，讓他們感受到快樂，讓他們因爲自己所做的事而內心感到喜樂並獲得平靜，是非常重要的。爲了讓各種關係能夠成功，我們必須分辨出別人有什麼感覺？對方需要什麼？但只有我先在自己身上分辨出自己的感覺以及我需要什麼，才能在別人身上分辨這些事。比如，當我知道自己如何不再欺騙自己，能夠找到眞實的自己時，重點在於要謹愼對待自己和對待別人，如此一來我才能察覺別人需要什麼，什麼對他有好處。

認識你自己

將來的領導工作，領導的不是人，而是**領導他人的意識**。自二〇一二年以來，我們就在課程裡處理這個課題。我們談到對身體的意識、對心靈的意識，和對語言的意識。我們也談到對時間的意識、自我意識、目標意識，以及認識我們個人的生命史。基本上，員工發展的重點是發展出人的意識。根據我的領悟，幫助人們更深入認識自己、找到自己，是領導的唯一正當理由。在我看來，所有其他事都只是操控別人而已，都是在拿別人的想法當成藉口和要求。因此對我而言，**在修道院裡了解什麼叫領導自己，以便對一般人所理解的領導賦予一種新面向，是一件意義重大的事**。

我很清楚，在自我認識的路上，我們永遠不可能達到完全認識自己這個目標，這輩子都不可能。在希臘德爾菲的神諭裡，人們就已經看到這一點。在古希臘時代，德爾菲的神殿被視爲世界中心。在阿波羅神殿裡可以讀到這樣一句話：「認識你自己」（Gnothi Seautón）。把自我認識當做每日練習，應該是我們能開始對上主和世界進行任何有意義思考之基礎。

我在二〇一〇年第一次見到古倫博士時，他說了一句我之前從來沒聽過的話：「只有能夠領導自己的人，才能領導別人。」我當時心想：「好，這聽起來非常棒，可是我到底有沒有在領導自己？」結果我很快就發現，我以前從來沒有領導過自己。我根本沒有在領導自己，只是在管理自己的各種任務而已。

我把優先權放在各種行程上，但沒有把自己優先該做的事放到行程裡。不過我當時還沒有眞正意識到自己該優先做的事是什麼，於是這使得我找不到任何意義，只是帶著些許理智從一個行程趕到另一個行程。我坐在一個部分由我自己建構的籠子裡，只不過我卻不知道自己坐在籠裡。我完全臣服於各種數字和事務的領導，我的行爲之意義大多在達到哪些數字，而不在行爲本身。我成了自己的想法之俘虜，尤其成了我的自我之俘虜。這個自我非常小心，好讓我完全找不到想像中的牢籠，更別說要打開。在遇到古倫博士之後，他讓我知道有這樣一個牢籠存在，也告訴我這個牢籠的門在哪裡。於是我便開始尋找，最後找到一道門，只不過我還沒有鑰匙。打開這道門的鑰匙是去反省，是願意走入寂靜，是願意去質疑到目前爲止的各種行爲，願意深深潛入自己的生命史裡，以便理解「爲什麼我是現在這個樣子」。於是，我便開始這場獨一無二的冒險，而且這是一場重新發現自己，重新認識自己的冒險。

這是一條漫長的路，在接下來幾年裡，有愈來愈多自由盟約人決定走上這條路。「我還記得自己重新能以孩子般的雙眼觀看四周，看到自己感到滿足於眞正讓我覺得喜悅的事，看到我在做一些使自己不會身心耗竭的事。」在一個課程裡，一位顯然非常感動的學員對我說。

我們在觀察自己的過去並回答以下問題時，情緒常會變得激動：你能想起來的第一個童年經驗是什麼？爲什麼你現在這一刻會想起這個經驗？你與母親、父親的關係如何？你很欽佩母親／父親的哪些特質，又對哪些特質感到遺憾？

許多人在父母身上和父母的行爲中重新找到自己，無論這會帶來好的或不太好的感覺。但常常也會有前面提過的那些教條浮出水面，也就是我們以前安逸窩居在其中的那些教條，以及限制我們的感受的那些教條。於是學員們要學習如何區別哪些是別人告訴他們的教條，以及什麼是對他們生而爲人而言重要的事，和什麼符合他們的本質。

自我領導的力量

自我領導的力量，活出自我生命的能力，在於將責任和自由結合在一起。這表示自己願意爲自己負責，願意爲自己的生命尋找答案，不是讓別人將他們的想法強迫套在自己身上，比如「你要讀一些更有用的東西，讀音樂根本賺不到錢」。願意自己擔起責任，是自由的先決條件。

如果我只是被人領導，我就是在依賴那領導我的人，依賴對方的想法。如此一來，我既不認識自己，也不認識自己所處的境況，只盲目地依賴別人所說的事，而且我也會依賴對方的答案和解決方法，被囚禁在由他們刻意營造出來的不透明環境。在許多使用傳統領導方式的企業裡，已經證明不透明是施展權力的一種有效工具。利用這樣的方式，員工就會被刻意保持得很「笨」，即不會得到全面的資訊。如此一來，在許多事上他們就變成被人玩的那顆球，一直玩到這顆球壞掉爲止，然後就會被丟棄。

可是如果我領導自己時，這對我而言是「去認識我是誰，我能做什麼，什麼對我來說很重要」，並憑著我獲得的認識開始生活。如果我能將這些認識付諸實行，就能將自己從前面所說的牢籠裡解放。對我而言有一幅圖像是心中想到「Macht」（權力）和「Ohnmacht」（無意識）這些詞的畫面時。「Ohnmacht」是「無意識」的同義詞，當我沒有意識到自己時，當我變得無意識時，我也變得無能爲力。而當我無能爲力時，我就沒有權力，並變成別人期待的樣子，而且大多是對別人有利的樣子。

如果純粹從生理學角度去看，當人處於一種自己無法掌控的情況時，身體就會釋放出壓力荷爾蒙。受到交感神經系統刺激，腎上腺皮質會將更多腎上腺素和副腎上腺素（noradrenaline）分泌到血液中，接著心跳頻率加速，血壓升高。如果交感神經發揮作用，我就只能逃跑或因爲害怕而僵在原地不動，我只有這兩種可能。除非我加入戰鬥，但在這種負面壓力之下我幾乎不可能戰鬥。這幾乎是一種假死反射動作，就像動物面臨危險時既無法戰鬥也無法逃跑時一樣。在巨大壓力的情況下，這種僵固不動的反應事實上很可能會致命。

從兔子和其他膽小動物身上，我們知道如果牠們沒辦法透過逃跑來減輕巨大壓力，甚至會馬上倒地而死。如果牠們被關到籠子裡，會使牠們體內的壓力荷爾蒙過多而突然死亡。許多人就長期生活在這種壓力之下。假設如果一頭小鹿遇到一頭劍齒虎，可以透過逃跑減輕壓力的話，牠很快又會放鬆下來，平靜地在草地上蹓躂。那頭劍齒虎已經走了，世界又再度變得平靜，所以小鹿又靜靜地吃著草並消化這一切。若我們把動物間的互動比喻成人際關係：人的眼前也經常出現那頭劍齒虎，無論實際上是否存在，只是這裡的劍齒虎變成人們所想到的各種煩心事，比如接下來要跟脾氣暴躁的老闆團或另一個上司談話、準備參加下一場會議、排得滿滿的行程表、與非常挑剔的顧客談話、各種要追逐的高難度目標、在日常生活中使家庭和工作保持和諧、盡可能參加孩子們的各種行程、煩惱要繳的下一期房貸……

人們所感到的無力感愈大，愈覺得自己完全受制於外在環境，就愈會想到那頭劍齒虎，而荷爾蒙的分泌也跟著占上風，使我們死死地被它控制著。結果吃掉我們的不是那頭劍齒虎，而是聯想到牠的這種行為，這種想法常常表示有危險。於是我的想法構成一個天竺鼠踩的滾輪，而我則一直踩著這個滾輪。我的想法愈快，天竺鼠滾輪就轉得愈快——到了某一天，我就會被甩出去摔死。就像前面提過的，那頭劍齒虎，也就是危險，不必眞的存在，光是幻想就可以殺死我們了。把我帶入這個滾輪的不必是外在的任何事物，僅僅是自己的想法就夠了。於是，問題是：該怎麼樣才能做回自己思想的主人？

這也是自我領導。自我領導不僅是將自己從 A 移動到 B，採取行動，也包含領導自己的思想。關於這點，我很喜歡引用猶太人的法典《塔木德》裡的一則智慧格言，這是由猶太拉比們所詮釋的，猶太人在日常生活中應守的規則：「注意你的思想，因爲它將成爲你的話語。注意你的話語，因爲它將成爲你的行爲。注意你的行爲，因爲它將成爲你的習慣。注意你的習慣，因爲它將成爲你的個性。注意你的個性，因爲它將成爲你的命運。」最後，自我領導是從認識自己的想法開始，認識到這些想法經常來自自我，而不是眞正的自己。

但許多人沒有能力認識自己，他們不知道實際上該如何進行。我該怎麼找到自己，才不會讓自己因恐懼而僵化，好讓自己不會被這樣的人領導：他們宣稱世界即將毀滅，但他們有解決辦法，所以只要把選票投給他們，一切將變得美好。更重要的是，對於正在討論的事，自己心裡要有一幅清晰圖像。只有這樣，才不會被他人的意見左右。

因此，爲了讓自己更不被其他人的意見所影響，爲了不讓個人的心理健康受別人的信條所影響，自我領導非常重要。當我知道自己是誰，是什麼支撐著我時，我就能負起責任，就能爲自己找到答案。可是如果我沒有這個能力，我就會將責任推到別人身上，於是無論發生什麼都是別人的錯。結果會是：「我也想這樣啊，可是其他人都不配合。」一有事情出差錯，九九％的人都會在周圍的人身上找錯。

自己動起來，別人也會動起來

我常聽到這樣的問題：「楊森先生啊，如果其他人都不願意，我可以做些什麼呢？」其實，你已經猜出來了，我的答案是：「如果你已經開始領導自己並更深入認識自己，你就不會再提出這個問題了。你愈接近自己，愈認識到自己的意義或渴望，愈能發現自己願意投入在什麼事情上時，你在做決定時就愈不會去找各種理由。你會就這麼行動，不會有過多猶豫。於是，如果別人不願意，你也不會在意。於是，你會走自己的路，不會再去看那些阻礙你的人。剛好相反，你會去找願意和你同行的志同道合者。當你知道對自己而言什麼是重要的，什麼可以讓你感到滿足，當你使潛藏於自己人格特質中的各種能力貫徹始終、毫不妥協地投入到一些你認爲有意義的事時，志同道合的人自然而然就會來與你爲伍。」這就是在「自由盟約之路」上所發生的事。

我不能使別人動起來，我只能使自己動起來。但透過我，別人也跟著動起來。

伯格曼（Frithjof Bergmann）這位一九三〇年出生於德國薩克森邦的哲學家，是「新工作運動」（New-Work-Bewegung）的創始人。由於一直在思考自由這個概念，伯格曼發展出一種工作概念，其中唯一的重點是，只去做符合個人人格特質的事。在他看來，自由不是選擇的自由，即在兩個選項或多個選項中選擇其中一個這種自由。這位哲學家認爲，只有人有機會去做他認爲對自己而言眞正重要的事時，才有自由。伯格曼將這種自由歸類爲「行動自由」，在「新工作」理念下，它爲一個人開啓一個自由空間，讓他可以有創意的作爲，並發展個人與生俱來的人格特質。如果一個人有意識且鍥而不捨地追求這個目標，外在的框架條件就完全不重要，他完全不在意。

所以，自我領導是**去發現我是誰**，是**去認識自己**。其中還包括回答這個問題：「**我每天起床的目的是什麼**？」如果每天起床的唯一目的是爲了認識自己，那麼所有人都會專注於自己，那麼我們就只需要審視內心就可以了，然而在實際生活中卻不僅如此。是什麼驅動著我，使我不僅能維持審視內心的做法，還想去做一些事情？

古倫博士要求學員寫下一個能表達生命目的的詞。是和平？自由？正義？健康？人性？抑或是愛？但我們寫下的這些偉大理念或詞彙，不可以只是草草寫下，而是作爲衡量每日行爲之標竿。理論上，每天晚上我可以回顧一天裡的所作所爲是否符合自己所定的標竿。如果長期下來覺得很費勁、很疲累的話，就可以問自己，之前打算做的事和打算達到的目標，是否符合自己的人格特質。

關於這點，我最近幾個月又認識到一些很重要的事。我原本給自己定的願景是「快樂的人」。將來我當爺爺的時候，我會坐在位於菲士蘭這間屋子的沙發上，給孫子們講許多故事，希望是關於快樂的人的故事。但我如今理解到，我追求的不是這種直接的快樂，這可能反而會讓我變得不快樂。其實，眞正的重點在於去找到一個使我感到快樂的理由。古倫博士要學員寫出一個詞的練習幫助我認識到，我贊同「自由」這項價値，即去做我認爲重要的事的這份自由。對我而言是貢獻一己之力，讓盡可能多的人感到快樂的這份自由。

過去，南非人權鬥士曼德拉、美國黑人民權行動主義者羅莎．帕克斯（Rosa Parks）、印度聖雄甘地、肯亞社會活動家萬加瑞．馬塔伊以及美國黑人民權領袖金恩博士，都是致力於自由、和平、人權的榜樣。今天也有許多人用自己的方式，每天爲這些價值獻身，無論是達賴喇嘛、索馬利亞裔荷蘭女權分子阿亞安・希爾西・阿里（Ayaan Hirsi Ali）或當代傑出女權主義者愛麗絲・施瓦澤（Alice Schwarzer）。

這裡的問題是：你贊同什麼？你願意協助人們能生活於自由當中，好讓他們能做各自認爲重要的事嗎？因爲有你，所以其他人可以得到什麼？因爲有我，所以我的員工們可以得到什麼？因爲有我們，所以我們的客人可以得到什麼？

最重要的是，我們所決定的目標必須符合自己的人格特質，符合自己的本質。

12 自我中心與節制

如果我服務的對象只是我的「自我中心」，就很容易造成身心耗竭。我們之所以會過於耗費心力不知節制，大部分都是爲了自我肯定而做。即使這件事本身仍有些樂趣，事後還是會不免覺得有些氣餒。

舉個演講的例子。如果有些大型知名企業邀請我去演講，很有可能我事後會覺得自己被工具化了。也許是因爲聽衆已經聽過類似的想法，讓我覺得自己對他們沒辦法發揮什麼影響。也許是因爲我覺得，這些企業只想利用這些演講活動讓股價上漲。也許我之所以有這種不舒服的感覺，是因爲我又被自己的自我牽著鼻子走。

對我而言，如果至少有一位或多位聽衆在聽完我的演講後去深思內容，甚至採取行動，我會感到很高興。如果是這樣，我就知道自己的作爲是有意義的。這時我就不會問自己：「你爲什麼要來演講？你又讓自己被人利用了嗎？難道不能把花在演講上的時間，包括來回的時間以更有意義的方式和家人或其他自由盟約人一起度過嗎？」

類似問題不斷出現，於是我開始思考：我的優先順序是什麼？我發現自己定下的優先順序最後完全失去意義，我已經三天沒有和妻小相處了，只是因爲我走了一趟「自我中心」之旅。站在舞台上，讓人們對我發出肯定掌聲，這顯然是我的「自我中心」想做的事。但這是有負面效果的，因爲這花了我很大力氣，也犧牲與家人相聚的時光。

能量殺手

艾斯蘭德博士（Dr. Friedrich Assländer）也和古倫博士一起舉辦課程，在一封電子郵件裡，他寫了以下句子給我：「當你身邊愈熱鬧，再次找到寧靜就愈顯重要。」在接到這封郵件六個月後，我有三個月進入一種意識靜默狀態中，或就像古倫博士所說的，進到曠野裡。造成這件事的原因是，在我出版第一本書後，「有許多隻手向我伸過來」，而且是我事後才發覺的。這個經驗也讓我學到，什麼是我的能量供應者，什麼是我的能量殺手。顯然，往返旅途和演講是能量殺手，尤其當我覺得被人利用來當成獲取商業利益或形象宣傳的工具時，對方根本不是眞的對我的理念感興趣。而能量供應者，則是我的家庭以及與自由盟約人共度的時光。在自由盟約裡，是一群志同道合的人聚在一起，彼此進行有意義的交流和經驗共享，有施也有受，透過這些我們大家一起成長。一起成長可建立一種長期成功關係，這是無法透過演講形式達成的。

在做上述的能量分析時還包括令我認識到，說來說去都是自我中心惹的禍，因此我做了一個決定——讓其他自由盟約人也有機會去演講，分享我們所走的路。於是，我將這項任務分攤到許多人的肩上，並得到令人驚嘆的正面回饋。當不是我這位老闆而是員工從他們個人觀點去描述公司的發展時，視角也會變得更多元。

甚至基於我這些年來定的原則，即將所有演講收入投入公共福利或一些人力發展的活動裡，都讓我更容易下這個決定。我沒有不小心陷入「爲了賺更多錢而接下演講邀約」這種想法。「個人不從這種副業活動中拿錢」的這個原則給了我自由，讓我可以只去接那些我能發揮影響力的演講。結果我得到很棒的回饋：一年內接受的演講邀約明顯減少，與前一年相較，我從來沒有這麼常拒絕邀約過。這類拒絕讓我感覺很好，尤其當我拒絕那些行程後，晚上能回家看著孩子的眼睛時。如果是出自於眞實的我而答應的演講，在演講完後我總覺得充滿力量，因爲我在這些演講裡服事的是眞實的我和我的願景，不是我的自我中心。

當我透過認識自己而重新獲得自信時，我更不易讓自己受外在事物擺布。我深深知道這種恐懼——當最後所有光鮮亮麗的外在要素都消失時，自己可能什麼都不是，只剩一個黑洞。如果我開一輛很高級的車或坐在一間華麗、位於角落且可環視全景的辦公室，我可能會陷入這樣的想法裡——這些地位象徵不僅表現出我的成就之價值，還表現出我身爲人的價值，於是我的心智會變得毫無顧忌並一再思考：我該怎麼做才能讓自己一直開一部這麼高級的車？

其實，我眞正該問的問題應該是：我爲什麼要做這件事？我來到世上的目的是什麼？我能做什麼？我愈認爲自己的作爲有意義，就愈不需要藉著紅利和類似的形式來獲得肯定。因此當我找到自己時，再也沒有什麼覺得損失的了，尤其不會認爲失去透過某種地位所獲得的肯定是種損失。如此一來，我就不再受人擺布，而是自主行動。

13

合作與成功的人際關係

在修道院的課程裡，古倫博士常談到黑暗面，並以此要求我們在別人身上看到基督。但我給自己的詮釋不一樣，對我而言，我想要在別人身上看到我自己。我的出發點很簡單：別人的行爲會引起我什麼樣的情緒反應？如果這反應是正面的，我就不再繼續想這件事；但如果不是，情況又不一樣了。當我注意到自己的情緒反應時，我便開始思考：爲什麼別人的這種行爲，會讓我有被攻擊的感覺？爲什麼我會產生這麼激動的情緒？

我對一位女主管的感覺特別明顯。老實說她讓我覺得很煩。爲什麼會這樣？我也說不出個所以然。我以前認爲，她的行爲一方面是爲了爭取別人的肯定，另一方面則是爲謀求權力。她喜歡開大又氣派的車，職位最好是負責管理更多員工、擔負許多責任，並具有很大的影響力，這都是她的最愛。但我的內心卻因為她這些做法產生一種很莫名的排斥感。可是我不想讓這種感覺就這麼存在，所以我進一步思考：是什麼讓我有排斥感？我心底到底感受到什麼，使我對她的行為有如此激烈的反應？她所追求的那些地位象徵，跟我所在意的不是差不多嗎？雖然昂貴的車現在已經不再是我所追求的，但在學生時代也曾經是我的最愛，而且我不也努力追求獲得立即肯定，比如透過演講？當我在眾人面前說出我已獲得某些經驗和想法時，我不也希望別人來拍拍我的肩膀？至少希望那些眞正理解這些想法的人能給我一些肯定？

我必須承認，我跟其他人一樣依靠肯定而活。我的行為也是如此，我的自我膨脹也是透過別人刻意給出的掌聲而變得更嚴重。好吧，車子和演講雖然位於另一個層次，但最終讓我對這位女同事感到反感的，可能也是別人對我感到反感的事，比如：我到目前為止所舉行的演講次數、上電視的次數，或我以一本書的形式自剖表白的做法。因為在諸多正面書評中，也有出現一則這樣的評語：「作者的目的，顯然又是在讓他的自我更加膨脹了。」所以，我和其他人沒兩樣，以前如此，現在如此，將來亦如此。也許，我和某些人唯一不一樣的地方是，我會固定反省自己的行為，去思考為什麼別人的各種行爲會激起我的情緒反應，並總是一再嘗試去釐清我的自我怎麼操控了自己。

這次相遇，對我有什麼影響？

自從我得到這個經驗以來，我找到一個從別人身上看到自己的機會，無論是在和什麼樣的人打交道。每一次，我都能夠提出這個問題：**這次相遇，對我有什麼影響**？對我有什麼作用？正因爲如此，旅館業是個很迷人的行業，因爲我們不斷和各種人相遇。對我而言，這不是一個更容易，卻是很獨特的學習歷程，其重點在於重新認識自己，除了來自童年的回憶之外，還包括反省生命中一些顯著的里程碑，比如換工作、結婚、患病，或孩子出生。

在一份關係裡與人相遇，無論是什麼形式的關係，都能提供訊息給我，告訴自己「我是誰」。但有個重要前提：在相遇時必須保持謹慎細心態度，需要反省，而反省則是謹慎的一環。我注意發生了什麼事，注意我自己的情緒狀況。對一個人而言，「謹慎細心」和「反省」是兩種可以非常有生產力的態度，而且根據我過去這幾年的經驗，與自己發展出成功關係，是這種內心生產力的一個先決條件，而它又是外在生產力的必要條件。簡言之：**與自己建立成功關係，是與他人建立成功關係的先決條件**。如果我無法與自己相處，我也無法與別人相處。如此一來，我的問題會像陰影一樣圍繞在我的身邊，這就等於在製造心靈上的環境汙染。

如果我愈認識自己並反省自己，我就會變得愈眞實、愈值得信賴。而且我的能量也會愈飽滿，因爲我不必一直小心翼翼，不必爲配合某個外界強加在我身上的規範而僞裝自己，這不僅壓力很大，也使人精疲力竭。我可以做原來的自己，而這對我很有益處。

當然，問題是在社會規範這個基礎上，到底是否能建立成功關係？這些社會規範不是把我塑造成一個自然的人，而是一個正常的人或符合規範的人，尤其在企業內。在組織結構圖、職位內容、任務描述、指導方針、制服這些基礎上，人與人之間有可能發展出良好關係嗎？當我們把自己的人格特質拋在公司大門之外時，人與人可能建立關係嗎？如果我們彼此不把對方視爲人，而視爲物件時，我們該如何建立關係？「董事長」或「餐飲部經理」這些稱呼，在員工心裡所形成的圖像絕對不同於直呼其名「馬克」或「派屈克」時所形成的圖像。如果我們彼此只視對方爲物件並把對方當成物件對待，我們就只是一直期待對方完成功能性任務，並彼此只純粹以自我中心視角去看待對方。可是如果我們意識到自己是主體、是有尊嚴的人時，我們的關係就充滿尊重、友誼和愛。這是建立成功關係的一個重要先決條件，這是我們視為成功、視為我們的作為之重要目標，就像修道院裡那些修士的目標，是建立一個有活力的團體一樣。

每一年，我們大約有二十位員工以一種特殊方式，去體驗一趟學習之旅。他們飛到東非，參與由我們資助的學校的啓用儀式。在二〇一五年第一批代表裡只有六位自由盟約人表示願意參加這個活動，與電台節目主持人萊納．墨依屈（**Rainer Meutsh**）一起飛到盧安達去。在這之後很快就有大量轉傳的社群分享文寫道：「對這些參與者而言，這是一趟自己的生命之旅。」為什麼？

這個東非國家的歷史以及他們所面對的挑戰，加上他們以前和現在面對這些歷史和挑戰的方式和態度，給我們的自由盟約人上了一門關於人性的補習課程。這些人一無所有但卻很快樂，儘管他們三十多年前以殘忍方式彼此屠殺，但又能互相原諒，他們對待其他人與環境的意識和愛，都使得我們的員工在與這些人相遇時，深深感動。在看到上千位孩子因為自已和許多其他自由盟約人的幫助才有機會上學時，同事安雅淚流滿面地說：「我來到讓我的生命有意義的地方。」

二〇一五年，第一批參與者回來之後像變了另一個人，在公司裡形成一種特別的存在。愈來愈多自由盟約人開始思考，可以用什麼方式去協助在盧安達的學校發展，也協助那裡的人發展。他們的視線不只停留在學校，也開始致力於改善醫療資源。比如在德國檢驗產品安全與環境安全的非官方組織TÜV機構工作的瑪鈴娜，將汽車內所有過期急救箱蒐集起來，以便能在下一次去盧安達時帶到叢林醫院。TÜV其中一項業務是對汽車安全進行技術檢查。二〇一七年五月，第三批人員在參與二號和三號「自由盟約學校」啓用典禮，以及將最緊迫的醫療用品送到叢林醫院之後從盧安達回來。五月三十日，我收到克麗斯汀寫給我的一封訊息：

親愛的博多：

我現在躺在穆桑澤區[14]格麗拉酒店（Gorilla Hotel）的床上。太陽升起來了，我到現在還沒完全理解這幾天來所見到的一切。但我非常確定的是，我永遠都不會忘記這一切。

我想感謝你給我這個機會，盧安達和這裡的人帶給我非常深刻的印象。我已經看到他們怎麼在這裡生活，所以我將繼續盡力去蒐集這裡需要的一切。我和他們之間形成一種連結關係，但我也將他們熱愛生命的精神、音樂、舞蹈和驕傲帶回家。對於自己是一個自由盟約人並且能與你在這條特別的路上同行，我既感激又驕傲。從現在開始，盧安達永遠在我內心占有一席之地。謝謝你，博多！

以「人」相遇

讓我特別感動的是，參加這趟旅程的人以一種深刻的方式彼此連結，也與那些已經在盧安達的人有深刻的連結。我有一種感覺，那些獲得這個經驗的人，他們彼此所分享的是無法以言詞表達，只能用心去看的事。他們體驗到真正重要的事是什麼。在他們回來之後，我們與他們相遇時也不需要許多話語，只要彼此相視，在這一刻我們就已經理

14：Musanze，位於盧安達北部。

解對方。

身爲一個企業家，我的職責在於開拓道路，好讓人們能聚在一起。透過一再創造一些人們能以「人」的身分彼此相遇的平台，我協助人們達到這個目的。無論是我們在盧安達的社會參與計畫，或是「北方人做好事」的計畫，都是其中一環。但在企業內，創造出共同的平台和組織形式也很重要，這些平台的目的在於使人們能建立成功關係，能建立一個優質團體。因此在公司裡，愈來愈少以一般層級區分和按照傳統方法召開的會議，在這樣的會議上，有些人會質疑爲什麼必須參加這樣的會議。比如在埃姆登的總部，我們一起制定出舉行一場有意義會議的基礎：

- 每個人都可以召開會議。
- 每個人都必須清楚會議的主題是什麼，目的是什麼。
- 每個人都要主動並專注檢視參加這場會議是否有意義。
- 每個人自行決定要參加多久。

這表示：每個人都可以召開會議，每個人都可以參加會議，無論是什麼樣的會議。前提是，對參加的人而言，這場會議是有意義的。爲了在開會前再次認清這件事，會議室桌上有一些可以在上面寫字的小卡片，上頭寫著這個問題：「我今天爲什麼來這裡？」比如，可能會發生這樣的情況：當我們在討論公司的現金支付能力時，行銷部、業務部或其他部門的人會在會議中間參與。僅僅是小卡片上的那個問題，就已使開會次數明顯減少。

此外，我們還有整個企業內的短期或長期同儕社團，和一年舉辦兩次的自我發展工作坊等，且每個團體或工作坊都各有主題。在這些社團和工作坊裡，也是奉行不分層級並以平等視線彼此相遇這個原則。我們的自我發展工作坊還有一個特別之處，每次工作坊總是至少有一半參與者是從來沒參加過，或上一次沒有參加的成員。如此便可保證，來參加的不是那些長期學員。除此之外，所有短期自由盟約人（包括企業家、學者、政治人物，或來自其他企業的領導層與員工）都有機會參加我們的會議、工作坊、社團和訓練課程。

甚至在我們日常任務裡，比如人力發展、文化與組織發展、通訊發展、產品發展、採購發展、社會責任、財務管理與經濟效率管理等，其工作結構的重點也是盡可能使更多來自不同部門和不同層級的員工彼此連結。一方面，這些工作讓許多人在不分層級的情況下共同打造企業的發展；另一方面，所得出的結果會經過這些參與者，直接回到各個工作領域或層級裡。

透過這種組織形式，我們避免有某個假想的精英和無所不知的領導層，跳過所有人自行做決定，爲的是接下來將這個決定從上到下傳達下去。這種做法可能導致員工覺得自己跟這個決定根本沒有關係，而不會興致高昂地參與。比如，我們之前有一位職訓生法蘭琪，主動參與構思該用什麼樣的具體行動培養企業文化價值，並接著將成果傳達給其他職訓生。結果顯示，她周圍的職訓生對這種透過平等視線傳達訊息的接受度，比其他職訓生都高。

14 企業文化工作坊

在文化工作坊裡，大約有十二位員工聚在一起，同樣是來自各個層級，從實習生到經理階層，並固定探討企業文化這個主題。這個小組每年在不同旅館聚會四到六次，以思考如何使更多人熱愛「自由盟約之路」，他們能如何協助人們與其他人發展成功關係，這就是這個同儕團體存在的意義。這個文化工作坊成員所追求的目標是，讓所有自由盟約人清楚認識我們所秉持的「自由盟約」意義，這也是我們的企業文化核心。此外還包括辨識出所有人的潛力並發展這份潛力，以及提供他們機會，將這份潛力也帶進公司裡。

此外，這個同儕團體也負責提供進一步發展公司文化的構思。比如：如何具體規畫出每天落實價值樹的共識？如何在企業內部形成一種全面意識，透過什麼樣的具體行爲使我們在日常生活中更能符合這些價值的要求？

這個文化工作坊成員最先探討的就是這些問題。我們當時是如何進行的？首先我們思考用什麼方法來進一步發展這份意識。在思考方法的時候，重要的關鍵原則：盡可能廣泛讓員工共同參與。最好的情況是，要使多達一百二十位自由盟約人所組成的大團體，能做出直覺且有遊戲性質的行動。最後我們擬出一個方法，我們稱爲Eigenland，即「自己的國度」。

相對於一般的工作坊或工具，「自己的國度」是一種創新、帶遊戲性質的方法，可讓所有參與者能快速、有序，尤其是以好玩的方式分析並設計企業內的各個行動領域。使用這個工具的先決條件是，我們將過去幾年所獲得的知識擬定成各種主題，並區分出一些核心領域，而且我們認爲這些核心領域與全面性培養員工認識我們的價值觀有關。於是，我們定義出六個核心領域：成功、合作、價值、連結關係、意義和責任，以及三十六個核心主題。

根據「熱愛生命」這項價值，在這個遊戲的基礎上，我們給參與自我發展工作坊將近一百二十位自由盟約人一個「驚喜」，好讓大家能一起玩這個使人情緒激動的遊戲，雖然我們討論不免激烈，但卻目標明確，彼此尊重且有建設性，加上創意小組活動，最後讓全部自由盟約人裡超過四分之一人數以民主方式決定最後結果。二〇一七年二月，在我們的飯店裡經過兩天的活動，最後以這種方式選出三十六個核心主題，以及三十二個自由盟約旅館經營主張。

我們這些主張源於這個目標：共同將一個更清楚的意識傳達給每個人，以作爲價值樹之補充，讓所有人知道，爲了建立成功關係，即更緊密的連結，個人可以做出什麼貢獻，但不必失去自由。對我們而言，我們這些主張可以象徵性地與馬丁路德於一五一七年，用大槌子釘在威騰堡的諸聖堂門上的九十五條論綱相比。我們希望藉著這三十二個主張繼續改革企業內部，甚至德國其他企業內部職場人們的態度和行爲，在某些方面甚至可能掀起革命。

這些經營主張是：

- 自由盟約企業激勵我去發展潛能。
- 我體驗到並知道，對我而言成功意味什麼。
- 身為團隊和企業的一份子，我們對「成功是什麼？」有一個共同圖像。
- 我們的成功來自以負責任的方式對待人和環境（使孫輩能夠享用）。
- 我們行動的意義在於看到快樂的人。
- 經營謀利是企業的生存基礎，但不是行動意義之所在。
- 我帶著誠摯的心和才能，以平等視線與人相遇。
- 我為企業的持續發展負起責任。
- 讓人們在這裡感到歡欣喜悅，是我努力的目標。
- 我將困境和犯錯視為進一步發展的機會。
- 自由盟約旅館使人們的生活品質變得更豐富。
- 自由盟約人獨立自主地行動。

・自由盟約人願意、能夠、允許並且採取行動！
・我爲公共福利貢獻一己之力或有勇氣走這條路！
・我們的齊心合力，就是我們的成功。
・自主決定與負責地工作，對我們的成功很重要。
・我們共同擬定合作規則，並一起實行這些規則！
・對於成功的合作，我會給予坦誠的回饋。
・我用自己的行爲爲自由盟約文化直接做出貢獻。
・我是「自由盟約之路」的信使。
・我透過社會參與成長。
・我樂觀地營造未來，並邀請每一個人成爲自由盟約人。
・對我們而言，領導自己就是認識自己。
・爲了能一起找到答案，提出問題很重要。
・我爲別人做的事，也會爲自己做。
・我利用回饋來持續反省自己的行爲。

・對我們而言，專業知識不能保證有良好的領導能力。
・我們以人的身分相遇，不論職位與職務。
・我們的價值連結著彼此。
・我有參與規畫自己的領域和「自由盟約之路」的自由。
・自由盟約時間＝生活時間。
・我爲人人，人人爲我。

企業爲人而存在

接下來的任務是，將個別主張當成在團隊內發展意識和具體行爲的基礎和刺激。在我們這裡，這類刺激愈來愈常透過提問形成。讓每個主張延伸出有意義的問題，好能之後在每個旅館團隊裡有目標性地提出並能在小型工作小組中實行，之後這個文化工作坊便可退居幕後。

凝聚力是我們的經營主張之一，促使這個主張誕生的問題如下：爲了能夠發展出成功關係，我們需要哪些組織面或個人面的先決條件？爲了加強我們的凝聚力，使我們之間的關係更成功，我們能具體做些什麼？回答這些問題不是像以前一樣，是企業主或主管們的事，而是由各個單位和各種職位的人所組成的小組來回答。多組織這種向自己提問的小組，深入探討所提出的問題，並嘗試找到答案。

這一切都是在上班時間進行，這很重要，因爲企業文化的形成及發展企業文化的工作，不能被排除在企業營運活動之外。這是企業整體的一環，而在我們企業裡，甚至是核心。將其排除在傳統企業營運活動之外，就像區分工作時間與休閒時間一樣沒有意義。在我們公司，企業爲人而存在，這也意味爲了以正確方式面對我們所追求的目標，我們不再區分工作和生活。這種態度的先決條件是上面所描述的行爲。另一種行爲則是我在上班時間工作，在休閒時間生活。可是花在工作上的那些時間裡，我們就不生活了嗎？或者反過來說，我只有在休閒時間（即 free time）裡才自由（free），工作時就不自由了？在我們公司裡，愈來愈少人認爲這樣的區分是有意義的。

對每個想在暴風中存活的企業而言，努力營造企業文化和努力做好關係到人的工作，是一個根本且重要的過程。因爲在這過程當中所形成的文化，是透過人，並且爲人而形成的。這是極基本的，因爲如果不照顧好這些人，他們就會變得無精打采。而且由於這件事非常重要，所以在各種不論職位和職務的同儕團體、發展小組或願景工作坊，以及各種個人和團體發展平台裡，參與者都可以用平等視線彼此相遇。這時候，可能會有人提出這樣的問題：透過什麼樣具體的行爲，可以讓我遇見的對象覺得我們是以平等視線彼此相遇？答案是所有參與者都可以透過這些平台，以人的身分將自己的想法和構想帶進來。他們不僅被允許這樣做，且能夠這樣做，在我們公司裡也愈來愈多人願意這樣做。

「能夠」和「被允許」是非常理性的因素：我被允許做這件事嗎？我能夠做這件事嗎？這是我身爲企業家可以向員工大聲宣布的事：你們被允許在上班時間參與社會關懷活動或舉辦發展自我的活動，不必特地爲此而利用休假，這就是允許。此外還要加上有能力這麼做，即「能夠」。我有決定某些事情的能力嗎？而且我是否願意去決定事情？

15 沒錢萬萬不能：薪水這回事

在這一節裡，我要討論的是我們公司裡員工自己決定薪水這件事。在我們的某些部門裡，無論有沒有團隊組長，員工都可以自行決定自己的薪水。在另一些團隊裡，雖然員工沒有自行決定自己的薪水，但每個人都知道別人拿多少。當我看到員工反饋回來的消息時，他們似乎感覺不錯。有些人也許會問，爲什麼這種發展常常只發生在企業裡的部分部門，而不是全面性的？很簡單，我們的人本主義做法不允許企業思想拓展到最大程度。這攸關的是人，因此我們沒有傳統的企業標準，而是讓各部門根據部門人員的個人先決條件發展。

但我們並不是根本上反對所有標準。問題在於，是標準爲人存在，還是人爲標準存在。如果是後者，我們大可拋棄這些標準。因爲在我們的公司裡，用各種標準，比如工時考勤系統、目標管理，以及嚴格的品質稽核等來管控員工的時代早就已經過去。根據我們的理解，企業在這個複雜時代裡停滯不前，就是因爲藉由中央發展出來的規定進行過度管控。比如我們的電商部門就顯示，上司的管理和監控愈少，這些部門就有愈快和愈優質的創意產出。這又使我們最近幾年不僅成爲德國最受歡迎的企業之一，甚至最近還成爲最具創新的企業之一。讓我感到開心的是，這顯示找到工作的意義，可以軟化階級式的結構，而且舊知識不必和新知識繼續對抗，因爲這才是缺乏創新的一個原因。

別用他人的薪水評價自己

在我看來，公開薪水和自己決定薪水是一種至高紀律的表現。這是一個極爲複雜的過程。在如何處理潛在的差異時，特別需要考量個人的先決條件（意識）。如果個人的價值感由薪水決定，公開薪水會在團隊內造成嚴重問題。除了知道別人的薪水或以後薪水會如何發展之外，認識自己的標準在哪裡也很重要。比如，「工作年資」這項傳統標準在我看來並沒有很大相關性，因爲這根本沒有指出個別員工爲了團隊裡的成功人際關係，和個人成長這方面做出什麼貢獻。要成功實現這項任務，實際上有很大程度取決於所有參與者的成熟度和能力，但更多的是取決於他們的態度。如果我將這項任務交給一個毫無準備的人，事情最後以亂七八糟結局收場的機率就非常高。如果他們嘗試以現在的態度去發展出新的行爲模式，即使不是完全不可能，至少也很困難。

所以，首要任務是調整人們的態度，而在這一方面，其實所講的不外乎是讓他們認識自己。而這又表示，他們不再讓自己的自我價值感如此大程度地取決於和別人比較薪水的結果。簡言之：重點在於，從情緒面去切斷個人的自我價值感與薪水高低之間的關連，尤其和同事比較薪水高低。但是，我們本身也源自一個階級結構分明的傳統企業，所以在公司裡，無論以前或現在，跟別人比較這種現象依然普遍存在。我們透過與他人比較，比較辦公室大小或薪水高低來定義自己或評價自己，在許多人眼中這是很正常的事。

然而，這種階級分明的結構愈來愈常形成一些生物群落，在這些生物群落當中，透過可以感受到的生活，透過我們以人爲導向的文化的有效實行，形成有利於某些發展的培養土。貝婷娜在埃姆登企業總部擔任度假屋和公寓式旅館部門主管，是她自己提出公開商談薪水這個構想。二〇一六年十二月，她的部門發展得非常好，比如該部門員工對領導者的滿意度超過九〇％，關於薪水這件事，她不想「就這樣燜在鍋裡，而想推動一些討論」。她問了七位同事，覺得什麼樣的薪資條件才是「公平」？在第一輪談話中，她們很快就找出一些共同分母：所有人都有同等學歷，所有人都做內容不盡相同但價值相同的工作，所以在找到判斷薪水的共同分母這方面，外在條件看起來很好。即使這些員工在公司裡的年資是在一到二十年之間。

在第二輪談話時，薪資單被放到桌上。貝婷娜觀察到眾人有一絲猶豫，她心想：她們是否都在想，事後別人會如何看我？接著薪水被公開了。所有員工都很驚訝，但最高薪和最低薪之間差了二〇％，卻沒有出現嫉妒情緒。如今，由於希望配合最低時薪法規[15]，所以現在必須對薪水進行不同程度調升。年資最老的同事因爲已經拿到目前爲止最高的薪水，所以先不做任何調升，她雖然不開心卻能理解，而且也和其他同事一樣覺得滿意，因爲她們如今建立一個公平且特別明確的基礎。

另一件令人期待的事是，除了決定薪水高低與調整薪水外，這個團隊也對於往後如何處理薪水有了以下共識。往後她們每年要開會一次，以共同檢視目前的時薪是否仍然恰當。就像在知道薪水的高低時一樣，如今她們希望以後在調整薪水時，能顧慮到職場上的薪水發展趨勢、公司的獲利狀況，特別是部門發展狀況等因素。這表示在固定的時間間隔，她們將配合經營狀況自主式地調整時薪。如果經營狀況良好，七位同事都覺得將來提高薪水是公平的；如果經濟情況變差，她們會自願減少部分薪水，直到情況改善爲止。

在這件事之後，這個團隊的小組長深信，讓其他同事參與經營狀況的討論是一個正確決定。她所展現掌握適當尺度的能力，以及其他同事們處理這個極爲敏感話題的理智態度令人印象深刻。此外這也讓我看到，我們的個人發展課程在這些人身上達成的效果。

15：德國於二〇一六年訂最低時薪八．八四歐元，於二〇一七年開始實行。

我的領導服務，値多少？

除了員工們的態度之外，特別是貝婷娜這兩、三年來的行爲轉變，使部門裡的人能夠發展到解決這如此具挑戰性任務的程度。在沒有引起很大注意的情況下，她堅持不懈地將在課程裡所學到的知識應用到自己和部門其他人身上。令人興奮的是，關於「謹愼的話語」這個主題，她將自己部門的發展推廣到九〇%。「起初就是從話語開始的」[16]，這也是貝婷娜和她帶領的度假屋部門員工之態度。

在課程裡，她發現自己經常使用「大家」這個不定人稱代名詞，尤其當她指的是自己時。這個語言習慣使她遠離自己，被別人決定，並且成爲上面所提過的：成爲周圍環境裡被玩的那顆球。換句話說：我將自己的職務、自己的作爲披上一件團體的外衣。「大家都這麼做……」而且因爲大家都這麼做，所以我當然也這麼做。如果我使用不定人稱代名詞來表示自己，就顯出自己是無能爲力的，於是我就去做別人要我做的事，而不是自己想做的事。由於認識到這點，貝婷娜此後就只注意這麼一個詞，也漸漸不再使用，並且以更明確、更負責任、更眞誠的態度和其他人相處。於是，她爲自己部門的獨一無二發展，開創出第一步。

接下來，我也想給她自由去決定，她覺得自己的貢獻要搭配什麼樣的薪資條件才合理。我邀請她來思考這件事時，她顯然感到很意外，但還是接受這充滿挑戰的任務。就像她的團隊一樣，她也嘗試從就業市場上去發現，對她的付出而言怎樣的薪水算是好的。由於她幾乎找不到任何可以比較的可能，她便選擇另一種，而且是極爲不尋常的做法。她問同事，「我的領導服務，值多少？」她的團隊詳細討論這個問題，最後得到一個結果：貝婷娜的職務所應得的適當薪水，應該是她們時薪的兩倍。她們給了這個答案，她也覺得很好，於是就接受了。最近她也讓自己的團隊去徵召新員工。理由是：這樣大家才最能確定誰適合這個團隊，誰不適合。看到這些員工大大提升活力、能量、滿意度，且自己做決定的意願和能力愈來愈高，是件難以置信的事。

在領導團隊時，「共同尋找問題的答案」這件事很重要，而我們需要什麼樣的先決

16：這句話是參考《約翰福音》第一章第一節。

條件，或什麼的氣氛才能讓人們願意擔起責任？

最高的優先順序是，我們要好好回答這個問題：我的一個決定，會對我和其他人造成什麼影響？這個決定可以保障我們的生存嗎？或者我做出決定，是為了追求金錢、權力和肯定，也就是為了滿足自私自利的欲望或自我中心？當我們思考一個決定會對個人有什麼影響時，奠定良心的尺度就很有意義。因為我們想要的是自己領導自己，而不是被別人領導——這個別人也包括自己的自我中心。而且我們不想將外在規範當成我們做決定的基礎，即使以前我們曾聽到「鄰居會怎麼想？」這類句子，暗示我們做決定時，必須考慮到可能會給第三者留下什麼印象是很重要的事。無論我的經驗是什麼，不僅在企業裡，在家中也一樣，我都意識到沒有做決定才是形成一種具攻擊性、讓人害怕，和使人不自在的氣氛的根本原因。

檢視我的薪水

受到度假屋小團隊自主設定薪水這個做法的鼓勵，以及媒體一再討論所謂高階經理人薪水這個話題，和近來衆人討論德國企業薪水透明化議題，我也覺得自己需要檢視一下自己的薪水。身爲負責經營企業的經理人，我也必須拿一份薪水，就像其他員工一樣。但由於我抱著不讓自己被收買，不讓自己被馴服，不讓自己受到我的自我中心之任何約束，所以我不拿任何分配股利或特別紅利。自由是我最重要的價值，所以我不想讓自己臣服於金錢的指使或受金錢奴役。「寧死不爲奴」，這描寫的是菲士蘭人崇尚的自由精神，也是我崇尚的自由精神。我常看到一些人爲了滿足自己的錢袋而做出一些不利家庭、健康、自由、活力或和諧的決定。

在自我研究一番之後，我最後發現，我的薪水是同等規模企業的公司經營者一般所得薪水的五分之一。我很驚訝，有些人到底得需要多少錢，才能讓自己感到幸福？我也喜歡參考像瑞典這樣的國家，他們會對收入高過某程度的人課徵非常重的稅，使得賺更多錢變成一件不值得的事。

如果我們的社會不只設定最低薪資，也設定最高薪資的話，這會如何？貧富之間不斷愈來愈大的差距，又將會如何發展？

16
給思慮一個度假機會

爲了能夠發展出成功關係，最低的先決條件是個人願意發展自己。這和心態有關。我到底願不願意這麼做？這有意義嗎？我們自己決定自己的薪水，這有意義嗎？

衆所周知，願意表面上與理智有關，其實更與「意識」有關：我打算著手的這件事到底有沒有意義？理智問的是「方法」；意識問的是「目的」。當我認識到自己的目的並覺得有意義時，我就比較容易忍受做這件事的「方法」。

在我看來，「能夠」「被允許」和「願意」，是使人採取行動的三個先決條件。「能夠」和「被允許」是每個人都可以學會的，身爲一位企業家，如果我創造相符的條件，就可以教會另一個人這些事。但「願意」則是另一回事。而願意最終涉及的是：我到底想不想？讓一個人眞正願意做某件事，需要什麼樣的先決條件？

讓自己的思慮度假

願意最主要由「意義內涵」決定。而想要認識意義內涵，「平靜」又扮演著根本且重要的角色。休息的時間和度假則是找到平靜的好機會。在德文裡，「Urlaub」（度假）這個字含有「erlauben」（允許）我自己做平時不允許做的事這個意思。但是休閒與度假時間只是能找到平靜的一些條件而已，卻沒辦法讓人獲得長期平靜，因爲，持續的心靈平靜只能在自己內心形成。如果我沒有內心的平靜，無論我在北海或加勒比海度多長的假，內心都還是波濤洶湧。如果我內心躁動不安，我就會帶著它到處走，就像不管我走到哪裡，都會帶著心中的不滿一樣。許多人認爲，如果他們能到另一個地方，就會感到比較滿足。隔壁家的櫻桃總是比較甜，如果他們能換另一份工作或另一個老闆的話，一定會更感到滿足。但過不了多久，原有的心中不滿和內心躁動不安又回來了。由於我的思慮一直占領著我，一直把我帶到另一個有很多事情發生的地方或時間裡去，所以我的內心就無法平靜下來。是我的思慮一直在運轉，這跟我身在何處，無論是在機場、在開會，或躺在院子裡的躺椅上完全無關。內心不平靜的時候，即感到不安和有壓力的時候，也就沒辦法眞正願意做什麼事，於是我就像在自動駕駛狀態下運作而已。

這時，**默想**就能發揮功用。

當我認知到自己的思慮，但不想要在裡面鑽牛角尖時，我便能使內心逐漸平靜。這時，我就是在讓自己的思慮度假。在度假時，我們不工作，而在默想時，那些內心混亂的思慮也是在休息。我可以訓練自己這麼做，就像訓練自己跑十公里一樣。默想是訓練心靈平靜下來一個很棒的方式。在默想時，我們不僅必須放下自己的混亂思慮，還必須練習不要讓這些思慮和眞實的自己搞混。其實我們的思慮是獨立在我們自身內在之外的，如果我們願意就能夠有所觸動，但也可以讓這些思慮不影響內在。無論思慮是否存在，在某個時刻裡可以是完全沒有影響力的，是可以跟我們解離的。

默想也可以幫助我們區分自發進行的思考，和有目的性的思考。有目的性且刻意針對某個主題進行思考，是非常有意義並具生產力。但自發產生的思考或占領我們腦筋的自發思考，不僅消耗能量，還使人疲憊不堪。藉著默想，我們可以讓自己擺脫這些累人的自發思考。於是，自由出現了，這是讓自己不受自己的思慮支配的自由。

如果我坐在河邊，而在這一刻有一個物體漂過面前，是一枚瓶中信或看起來像瓶中信的東西（自發思考或外加思慮），我們會傾向去撈起這個物體。我會一直堅持，直至撈到爲止（鑽牛角尖），我全心都投入在這件事上。但在默想時是不一樣的，在默想時我們要做的是讓漂在河裡的東西繼續漂走。我絕對不能讓自己被引誘，被吸入這個漩渦裡，又陷入一直跟著自己的思慮走這個老套遊戲。

不要讓自己被自發出現的思慮吸走，實際上純粹是一種訓練，甚至是一種有極好結果的訓練：透過默想，我可以使自己成功遠離（情緒的）不良狀況。因爲不愉快的感覺都是透過我在思慮裡對某個情況、某個行爲或某次談話的詮釋而產生。如此看來，眞正的問題根本就不存在，因爲只有在我的思想裡，某個情況才會成爲問題，因爲我對它下了評價。我腦子裡的各種想法，常是誘發壓力或內心躁動不安的因素。我對某個情況的詮釋決定我的感受，透過這個詮釋，我會感到開心、傷心、憤怒，或害怕。這意思是：我的感覺都由想法決定。因此，猶太經典《塔木德》中會這麼說不是沒有原因的，我之前也有引述過：「注意你的思想，因爲它將成爲你的話語。注意你的話語，因爲它將成爲你的行爲……」基於這些原因，我們必須掌握能夠走進寂靜的能力，這是非常重要的，就像古倫博士所說的一樣，特別是對領導者而言，但對員工亦是如此。默想對我們而言很重要，因爲謹慎細心，比聰明有腦筋重要得多。

默想，不是壓抑思想

默想並不是壓抑自己的思想，這常常會搞混。壓抑或抗拒、抵抗，是使我們的思慮變得更加強烈的原因（因爲我們更用力去鑽）。當某個東西受到抵抗力時，反而會成長或發展得更快，就像反作用力一樣。而在默想時也是類似的，只不過我們要做的是擺脫在思慮中去詮釋事情這種做法，而不是額外載入這些詮釋性的思慮（解離思慮，我們成爲思慮的觀察者）。在做其他活動時則不是如此，比如我們會一直滑手機，並認爲滑手機可以使我們放鬆，不理會思慮，但這些活動最多只能壓抑或逃避所有可能想法而已。而在默想時，我們要做的是走入寂靜之中，走進自己的內心，而不是任何其他事物。我們察覺到這些思慮的存在，但我們只是觀察者，就讓它們自由漂過，但並非刻意忘卻其存在。如此一來，我們是把思慮納進我們的意念中，但不是被思慮操控。唯有察覺之後，才能去接納與轉化。

默想的一個效果，是讓我們有意識地面對刺激，並因此導出自主式的行動。事實上，我們一直在接受各種刺激。根據海德堡大學的研究，每秒有超過一千一百位元的訊息，透過五官湧入我們的中樞神經系統。其中眼睛每秒發送一千萬位元訊息，皮膚發送一百萬位元訊息，其它小部分則由耳朵、味覺和嗅覺發送。但我們的理智每秒最多只能處理四十位元的訊息。而在默想時所獲得的刺激是，有意識地操控經由行動所產生的想法，這是它的特別之處。默想的目的在於，不要對效果做過多詮釋，防止我們無意識地進行某種行爲。如果我們看到一個經常發脾氣的人，就可以建議他常常進入自己的內心。這些年來在我們的公司裡，同仁培養出愈來愈強的默想能力。我們經常利用公開場合一起默想，而且是以各種不同形式進行——坐著默想、走路默想，甚至銅鑼默想[17]，各種形式都有可能。比如在我們的課程裡，我們每天練習三次默想，每次四十五分鐘，甚至在

17：藉助銅鑼聲音進行默想。

有些地方，還有員工考慮把默想融入日常工作之中。

一位因為營業額、各種行程或任務而忙個不停的經理人，可以透過默想找到一個寧靜小島，在這個小島上，他能夠讓那些數字或其他話題就這麼漂過去。當我透過默想而暫時擺脫一些潛意識行為時，就形成一個可容納有目的性的問題、涉及我個人的問題的空間。如果我沒有達到我力求達到的目標時，會發生什麼事？實現這個預設目標到底有沒有意義？對企業而言這是一定的，不必問這種問題。但如果我因為公司而讓自己崩潰呢？這對我的生活有好處嗎？對我的家庭、妻子、孩子有好處嗎？對我的健康有好處嗎？對我的內心平和有好處嗎？我到底為了什麼，或什麼目的而工作？為了不讓自己一直依賴著我的職位，我可以放棄些什麼？如果我不能再保有目前住的房子時，我會覺得如何？我很可能需要擁有第二間房子？或者我可以省吃儉用過日子？因為我認為長期而言這意味著要工作得更長時間，所以這不會讓我覺得更快樂。我在自己身後一直拖著的包袱，到底有多大？就這個相關話題，我想起別人告訴我的一個故事：當一位父親精疲力竭回到家時，他年紀小小的兒子問他，他一個小時賺多少錢？這位父親先克制自己的情緒，接著他想知道，兒子為什麼覺得這個資訊很重要。但兒子一直堅持要父親回答，他就是要知道父親一個小時的薪水多少。

在經過一番考慮之後，父親才說，他每個小時賺四十歐元。聽到這個答案，兒子沉默一會，然後問父親可不可以借他二十歐元，他以後一定會還。父親想了一下，最後還是要求兒子上床睡覺。心情不好的兒子帶著眼眶中的淚水進了房間。過了一會，父親進到房間跟兒子道晚安。父親也問兒子，他需要那二十歐元做什麼？這時，兒子從枕頭底下拿出一張二十歐元紙鈔，「看，爸爸，我已經存了二十歐元。如果現在你借給我二十歐元，我就有四十歐元了，這就相當於你一個小時工資，這樣我們就可以在一起一個小時了。」

這個故事讓我想起一位女同事。在應徵前往盧安達之旅時她告訴我，她小時父母總會給她很多東西，錢、玩具、參加許多休閒活動的機會，但就是沒有給她眞正需要的：肢體接觸、溫暖、安全感、無條件的愛、關注、肯定，和個人的支持。顯然，她的父母用這些物質來買得自己所需的寧靜，好讓他們能處理自己的各種事務。而今爲人父母者這變得更容易，因爲 iPad 和各種 3C 產品已經接手與孩子相處這個任務。這個故事讓我感到特別悲傷的是，我有時覺得自己就是故事中人物。不是那位兒子，而是那位晚間筋疲力竭回到家的父親，因爲總有一些更重要的事擋在我與家人之間。當我發覺這點並得知其後果，但又不放棄自己時，我知道這是一項極具挑戰性的任務。

17 反省與行動之間的張力

基於這個原因，我在二〇一七年初，有三個月進入一種個人靜默模式，並在這段時間內密集操練自我領導。這是一段有意識地認識自己的身體、心靈，甚至言語的時間，一段充滿默想、運動、健康飲食，和以文字記錄反省內容的時間。古倫博士稱這樣的時間為「退到曠野的日子」。

我之所以決定讓自己去從事這短期苦修，有很多原因。其中一個原因是，我們培養以意義和人為導向的領導文化和工作文化，引起很大關注，在某些人眼中這簡直是不尋常、不符合規範的瘋狂之舉。這樣的關注，也許是太大的關注，對我有很不好的影響。我很少像在這段時間裡這麼經常面對以前的那個我，也很少這麼經常又變成自我中心的俘虜。結果是，我愈來愈常感到身心耗竭。當外在和內心一直出現愈來愈大的躁動不安時，就是該走入寂靜的時候了。

我走進寂靜的另一個原因是，我在想如何能以更好的方式，協助自由盟約人將他們在課程裡所獲得的智識，融入日常生活。我個人能如何成功地面對永遠一再重複的行爲模式，比如追著任務跑、做太多事、失去腳踏實地的感覺？

我知道，我需要一些能讓我意識到自己正在做什麼、意識到我當下情緒的生活儀式或習慣。這表示，我必須找到一種在理想圖像和實際行爲之間搭一座橋的行動方式，一種協助我和其他人做出更有意識和更有意義的行爲之工具。

我想起了體訓專家馬克．羅倫（Mark Lauren）提出的「九十天挑戰計畫」。在《你的身體就是最好的健身房》這本書裡，願意運動的讀者看到一個具有挑戰性的訓練計畫，除了一些運動單元之外，還包含營養、睡眠，以及對健康有益的一些行爲方式。此外，我也想起與本篤修士史蒂芬弟兄（Bruder Stephan）的一次談話，他提到「五個優質生活能量來源」，這也是修士們獲得能量的源頭。除了信仰之外，他們還用以下方式滋養自己的能量：足夠的睡眠（身體的休息）、默想、營養的飲食，以及與他人的關係（團體）。

我心中有一種想法逐漸成熟：我想把馬克．羅倫的九十天挑戰，和在修道院裡所獲得的知識整合成一個有結構性的個人苦行操練基礎。於是，我擬出一份三個月自我領導挑戰計畫的草稿。我清楚知道，在讓員工面對這個挑戰之前，我必須先嘗試過。如果順利的話，這個自我領導挑戰計畫可以達到一箭雙鵰效果：一方面可以讓自己在這一切熱鬧喧囂及因此而導致的不滿後，再度找到平靜；另一方面我可以透過這個方式，蒐集一些也許有利協助自由盟約人自我領導的經驗。於是，就產生一張如左頁的表格，數字從一到十代表評分程度。

在設計出這張表格後，我決定將裡面所列的項目，徹底實行三個月，並整合入日常生活中。唯一的例外是，我會按照執行的經驗，每月做些調整。因爲這不僅關係到我個人的苦行，還關係到要爲員工們發展出一種工具或輔助方式。爲了得知自己的進展程度，我添加一個評分系統。藉著這個評分系統，我想知道如果能達到特定的分數，是否會對執行此計畫的低落動機有正面影響。

自我領導挑戰計畫

名字：　　　　　　星期：　　　　日期　：

	今天	1	2	3	4	5	6	7	8	9	10
1	我有睡好嗎？										
2	我有默想三次嗎[1]？ ・早上 20 分鐘（2 分） ・中午 10 分鐘（1 分） ・晚間 15 分鐘（1.5 分） ・加分功課：（0.5 分）	___/ 5					備註：				
3	我有執行晨間儀式嗎？	___/ 1									
4	我有完成 ML 功課[2]嗎？	___/4									
5	我是否有意識地健康飲食？ ・一天三餐 ・至少攝取 3 公升液體	___/ 3									
6	我每晚睡夠 7 小時嗎？	___/ 7									
7	我有反省過今天了嗎？ ・我過得如何？ ・我想為什麼事感恩？ ・我學到什麼？	___/ 2									
8	我的平均能量水平是										
9	我身心舒適愉快的程度是										
	一日總分	___/ 52					___/100%				
	一日備註										

1. 每默想 10 分鐘得 1 分
2. 馬克・羅倫的 90 天挑戰

我在追趕什麼？

我按照這張表格實行計畫所獲得的經驗非常豐富。首先，這張表格上所列的任務，要求個人必須保有非比尋常的紀律。好吧，紀律也不過是將自己的生活掌握在自己手中而已。開始的時候，這個評分系統的確能提升我在筋疲力竭的一天後坐下來寫日記的動機。此外我還體會到，專注於擁有足夠睡眠，優質飲食、運動和默想，對於我的能量水準、身心舒適愉快程度，以及發展出有意識地對待自己的身體和心靈等方面都有正面影響。每天用文字寫下反省內容，也幫助我更加認識自己的感受、周圍的環境，和自己的行爲。比如透過文字記錄，我更清楚知道哪些活動會消耗我的能量，而哪那些活動則可以提供。

我很快就發現，睡眠不足、運動不夠、不規律及不健康的飲食會消耗許多能量。我也重新注意到，經常旅行也會消耗許多能量，而且是不成比例地多。而最能提供我許多能量的，是與熟悉的人有規律日常生活節奏。我還清楚記得，有一天早上我以最多只有四分的能量等級，出門參加一個課程。在我和二十多位自由盟約人和短期實習生人共處一整天之後，我的能量以有感的方式升到九至十分。

此外透過這個計畫所進行的深入反省，也更讓我認識到自己有某些行爲模式的原因。比如，我意識到自己總是一再出現追著任務跑、做太多事這些行爲模式，很大程度和我父親有關。我還記得兩個具體事件，或許導致我在潛意識中接受了於往後的生命進程裡還得一直努力完成的「任務」。

不僅是我，甚至許多人都覺得我父親在世時給人一種非常偉大和令人印象深刻的形象。他是一個意志非常堅強的人，在他看來，被拒絕第三次之後，情況才會開始變得有挑戰性。他的格言是：「一切都是可能的。」他那不受拘束的強硬、犀利的口才、創意、和激勵他人的能力，加上我母親的強悍，打造出一家口碑遠超出東菲士蘭地區平均標準的傑出企業。

我想起的第一個事件，是母親偶然跟我提到發生於一九八九年的一件事。父親與其他企業家參加一個由薛密特學院（Schmidt College）爲企業領導者所舉辦的進修課程，其中一位參與者是克勞斯．柯布約爾（Klaus Kobjoll），他由於在紐倫堡的辛德勒霍夫酒店（Hotel Schindlerhof）有極優異的發展而非常出名。當時父親和柯布約爾聊起來並問了一個問題，我父親問他該如何將柯布約爾的旅館經營之道，複製於十家旅館上。

我腦海中浮現的第二件事，是與父親二〇〇七年死亡及他的葬禮有關。雖然在二〇〇一年宣告破產之後，我們的企業仍然一步步慢慢向前走，但到二〇〇七年時根本還沒有任何前景可言，更別提使公司翻轉的保證，因爲一直有許多不確定因素出現。在準備喪事時，我給已逝的父親一個承諾：一定會「把這輛翻倒的手推車從垃圾堆裡拉出來」。於是，這場追著任務的賽跑就這樣開始了。

在執行這三個月的計畫之前，我沒有意識到的是：我一直因爲父親的強大形象、這兩個事件，以及因這兩個事件所導致的任務而「著了魔」。我這些年來似乎一直追在這偉大的形象，及完成這些任務後面跑。

從內省中得到的領悟

另外三個事件，則使我走出這個存在於潛意識中的天竺鼠滾輪。當我們企業的領導方式公開並開始獲得第一個獎，而後又陸續獲得其他獎項肯定時，我還記得在心中對父親說的話：「老爸你看，即使是十家旅館和超過六百間度假屋，我還是可以做得跟其他只經營一家旅館的業者一樣成功。」當我意識到我對父親所說的話和獲獎這兩件事之間的關連時，參加頒獎禮便有了一種嶄新、完全不同的意義。我開始以完全不同的眼光去看待，從意義內涵和我們所重視的價值系統這個視角來看，而不是從一個也許沒有意識到自己是一個「受傷小孩」的視角來看，而且是一個嘗試透過獲得外在肯定來治療內在的受傷小孩。

第二個事件與公司的營運發展有關。在成功達成一個拖了很多年的財政協商之後，公司的債務償付能力也大幅提升，加上我們又成功將企業往財務健全的方向運作後，在那一刻我突然覺得自己像處在一個眞空狀態裡。沒錯，我的願景是看到快樂的人，但在知道公司「這部手推車」終於脫離垃圾堆後，我卻感到某種程度的空虛。直到進行反省時，我才發現隨著「手推車已經被拖出垃圾堆」，我從父親那裡接過來的第二個任務，也跟著結束。

第三個事件，即我的苦行計畫，導致最根本的結果是，我更深入認識自己的生命史、我生命中遇過的人，以及這些事和我今天的行爲之間的關係。我的生命史是回答下面這些問題的源頭：我是誰？爲什麼我會變成現在這樣子？爲什麼我會有這樣的行爲模式？

透過保持靜默並將反省內容寫下，尤其透過與妻子交談，我愈來愈深入認識自己的生命史。

許多人認爲自己得擁有一切才可以。或者他們認爲自己知道，他們需要所有的一切才能讓自己快樂。但他們當中有些人還缺乏對自己的認識。這不僅比那些物質和非物質的負擔沉重許多，而且還有非常重要的意義：我們的自我中心因爲這些物質和非物質的負擔而膨脹，但許多其他方面卻因爲這些東西而被忽略，比如家庭、健康、自由，或內心的平安。沒有從自己的個人生命史當中學到教訓的人，就可能陷入重蹈覆轍的危險。

在我完成上述那些任務之後，如今我的責任變成一項新的任務，一個比較符合我的本質，而不是爲了達到獲利或獲得某個獎項的任務。我想更加接近人、環境和經濟這個有意義的共生體，但這容我稍後再談。

我從這九十天挑戰獲得的另一個也滿重要的認識是，這種大範圍且密集「繞著自己打轉」的態度，無法長期與家庭生活相容。直到我在客廳裡坐在妻子旁寫日記時，才明白從家人的角度看，這段時間裡我雖然人在，但心卻不在，因爲我寫下一整天該感謝哪些人時，其中包括我的妻子和孩子。而現在我又突然逮到自己再度犯這個毛病，我居然坐在妻子旁邊時在書裡寫我爲了某些事感謝她。我應該可以直接當面對她說的，如此一來我們倆都會很開心。

此外，在這三個月裡妻子常一個人就寢，醒來時我已不在她身邊，因爲我已經在進行默想。這段時間對家庭生活的確有不太好的影響，所以當我的苦行計畫結束時，我們大家都很高興。妻子的評論說得很貼切：「我們家又不是修道院。」孩子們的話也讓我非常感動：「爸爸終於又跟我們在一起了。」孩子們都具有很敏銳的感知能力，他們就是能感受到誰到底是人在心不在。在這次默想行動裡，我把所有心思放在自己身上，完全忘記修道院汲取能量的五個重要源頭中的一個，即「團體生活」。但我努力從這次經驗中學習，希望將來採取行動時，更能顧及到所獲得的這些認識，也希望能在設計「自由盟約人挑戰計畫」時顧及到這些認識，這是我爲參加自由盟約課程的員工們所準備的。

18 一小步的大喜悅，一大步的小確幸

爲了繼續服務人們，也服務員工，我繼續發展自二〇一二年以來便建立的課程，目前已擴充到六個課程單元，其中包含一些在單元之間進行的任務，即所謂的「自由盟約挑戰計畫」。在六個單元中，以下四個單元是互相關連的。單元二：認識自己的身體、心靈和語言；單元三：個人的使命與願景；單元四：成功的關係；和單元五：領導就是服務別人。另外兩個單元是「自由盟約之路」和「賦予意義的各種合作形式」。目前我們正在思考，要再發展出第七個單元：說故事，在這個單元裡，我們希望學員將他們在以上課程中所獲得的認識寫下來，好讓他們得到一種協助工具去表達自己的願景、他們在我們公司裡的故事，或個人的生命故事。此外，我們還考慮培訓一些「文化記者」和「人

物記者」。我們的員工有著什麼樣的獨一無二生命故事，其中有些甚至是令人難以置信的生命故事，而人物記者的任務在於協助這些人將他們的故事化爲文字，就像我們一位年輕的旅館經理米爾可，他因爲經常容易陷入恐慌而面臨人生有史以來最大危機，但他卻認識到困境是一個機會，讓他去修正自己對生命和工作的態度，並且將所獲得的認識致力於協助他人發展。我們在想，每年可能會有一本書之類的作品，報導某些員工激勵人心的故事。

我自己就發現，將深入思考自己和自己的生命故事之認識寫下來是多麼寶貴的經驗。我也發現，特別是當別人訪問我，無論是一位大學生爲了寫畢業論文所做的訪談或經驗豐富的記者對我的訪問，都使我對某些主題有更深刻的認識，並因此促使我自己和企業能進一步發展。而在訪問中最重要的工具就是這些人提出的各種問題。問題愈聰明，對我的效果就愈大。因爲新聞記者們都學過，如何憑手邊事實擬出有目的性的問題，好讓他們能將故事以文字形式彙整出來，所以幫助公司裡的人們開發這項能力並精通，是非常有意義的事。

一起成長

在留宿於修道院和我個人進行九十天挑戰期間，我體會到與志同道合的人共同生活，對互相鼓勵對方克服困難的任務而言是非常重要的。在位於屈隆斯博恩的飯店裡工作的廚師馬提亞斯，有一次對我說了一句我覺得與這個主題相關，且非常聰明的話，我永遠都不會忘記這句話，他說：「當你知道站在後面支持你的人是誰時，那麼是什麼在你前面就無所謂了。」他這句話簡直入木三分，而這正是使我們這些自由盟約人非常強大的原因。志同道合的人能夠將他們的經驗分享給我們，在有困難時可給予我們協助，和我們一起度過難關，或給予我們一種親密感、信任感和安慰，這都是賦予我們平靜和力量的加分因素。

當然這不是強迫性的先決條件，如果有人想做獨行俠也可以，只不過我們在課程經驗中得知，若在團體中進行的話，執行所接受的任務或將所獲得的認識付諸行動的程度明顯較高。舉個例子：在單元二和單元三之間，學員們會拿到「自由盟約挑戰計畫」的第一部分。學員們可自行決定是否按照表格逐點付諸實行，或只把表格當成一種指南或參考。

除了實際練習透過默想深入認識自己之外，這項挑戰的內容還包括寫下反省內容，有意識地攝取營養飲食，以及前述馬克．羅倫的運動計畫。而我們發現，那些組成團體的人，比那些「獨行俠」能更貫徹、更有紀律，尤其是懷著更多喜樂去執行。

這些經驗讓我們看到，當學員們在課程單元之間組成同儕團體，並在固定間隔的時間聚會或更新消息，彼此問對方以下這些問題時，效果明顯提升：「你還好嗎？情況如何？你在做哪一部分的運動？你覺得最大挑戰是什麼？你怎麼面對這些挑戰？」

如果人們彼此認識，一起投入一些他們認爲有意義的事，就擁有發展成功關係的先決條件。當彼此之間有一些連結因素，於是從這層連結關係中個人和衆人將一起成長。不僅一起成長，而且是雙重成長。

如果我們只給學員一份執行清單，並利用這份清單去管控學員情況的話，不可能達到這樣的效果。執行清單就像管控員工的那些標準一樣。這時，我們又可以提出這個問題：是執行清單爲人存在，還是人爲執行清單存在？我遇過一些學員，將自己定型爲完美主義者，並因爲這樣的一份清單而給自己很大壓力。對這些人而言，比較有意義的做法是，將一份清單（也包括我們的挑戰課程）當成輕鬆的行動方向或指南參考就可以了。

我也可以給他們一張白紙，對他們說：「你們先想想，可以用什麼方式協助自己變得主動積極，讓自己動起來。」身爲領導者，我可以把工具交到人們手中，比如：把如何建造一艘船的計畫給他們，好讓他們能出海航行。或者我教他們如何對「大海」，產生「更多」渴望，然後他們自己就會建一艘大船[18]。這時，每個人都應該只問自己這個問題：我的大海（更多渴望）是什麼？爲了發現這一點，我們在課程裡還提供一項工具，以協助人們透過釐清自己的渴望並將之養成習慣，而更加認識自己的渴望。

嘗試發掘自己的渴望，是一場我必須參加的冒險，也是一場帶著開放結果的冒險。這場冒險一再將我拉出自己的舒適圈，讓我直視自己的生命史、我的各種特質、各種夢想，和各種情緒。這是一場深入內心的冒險，有時候讓我覺得很痛，有時又讓我面對似乎無法解決的各種挑戰。在這場冒險裡，每踏出一步，都讓我對自己有更多認識，隨著每踏出一步，我也因此覺得自己更自由一點。參加這場冒險的人能愈來愈放棄表面的快樂，很簡單，因爲實在是太刺激了。走出籠子、走出馬戲團、走出天竺鼠滾輪、走出自我想法的監牢，走進個人的叢林中。

最重要的是，不僅要有親自走上這條冒險之路的意願，還要實際執行。除了回答「我爲了什麼樣的目的而走上這條路？」這個問題之外，我還需要最能夠引領我達到這個目標的相稱行爲模式，而且要將此行爲模式變成一種習慣。只有這樣，我才能爲自己擬定一個明確的計畫。我們姑且先稱之爲個人的使命與願景，這是我根本不想再逃避的使命與願景，因爲符合我原本的人格特質。

養成習慣，一步步來

科學證明，只要每天實行，大約六星期就可把一件事養成習慣。根據這點，我們發展出一個可以每日執行的任務清單。堅持執行這個任務清單的人，可透過這種方式採取行動，採取目標導向的行動，這是所有個人發展的第一步。在一整天的導引課程單元之後，第二個課程單元的內容是讓人們意識到，自己主動行動或被人操控的程度有多大。每個人都有過這

18：德文的 Meer 意思是大海，mehr 意思是更多，在此作者借用此兩字相近之形音產生聯想。

樣的經驗：自己打算做某事，結果事後卻發現，內心那個卑劣的自我中心又比自己的意志強大。許多人也有過這樣的經驗：如果事情不像自己所預想的發展時，理所當然的，總是會認爲是環境或別人的「錯」。比如，當我原本想表達的想法被他人誤解時；或者認爲自己經告訴別人怎麼做，可是他們做出來的卻跟我原本所說的不一樣時。

這個課程單元的重點在於，透過訓練方式更加意識到自己的想法（心靈）、說話（語言），和行爲（身體）。不知道該如何主動行動的人，可以在這個單元裡學會該做什麼，來讓自己擁有自主性。我們嘗試協助員工關掉內心的自動駕駛模式，這就是我們身爲領導者的服務工作之一，因此在公司裡，你不會看到我們在健身房裡經常看到的情況：進到健身房，可是不知道該在這裡做什麼。什麼可以讓我達到目標？健身房裡提供上千種可能，可是各種琳瑯滿目的器具都只是讓人感到困惑而已。

如果我現在對某個人說：「嘿！開始默想吧！」這個人也許會花上一年時間去找有哪些可以實行默想的方法。而他想得愈久，就愈不會採取行動。基於這個理由，我決定採用一種方式，幫助他人採取行動。

自由盟約人挑戰計畫，看起來就像這樣。

自由盟約人挑戰計畫

7 天統計　　星期：　　日期：

	今天	1	2	3	4	5	6	7	8	9	10
		（1= 低，10= 高）									
1	我有睡好嗎？										
2	我有執行 7 分鐘默想嗎？	___ / 5					備註：				
3	我有完成 ML 功課嗎？ ○訓練　○一日任務	___ / 5									
4	我有每晚睡 7 小時嗎？	___ /7					註：				
5	我的平均能量水平是										
6	我身心舒適愉快的程度是										
	一日總分	___ / 47					___ /100%				
	一日備註										

其中有好幾處需要給出一個一至十分的答案。其中一個問題是：「我有睡好嗎？」但爲什麼要問這個問題？是不是有點太瑣碎了？也許是的。然而經驗告訴我們，有八〇％的學員沒有健康生活的基本常識，或認爲這不重要。

所以在個人發展時，他們不想從最基本的步驟，從「學走路」開始，反而想馬上從「跑步」開始，特別是一些位於領導階層的人。當初貝婷娜也曾問自己這個問題：「我都已經四十八歲了，幹嘛還要再次認識自己？」

在探索個人時，首先一小步一小步地走是非常重要的。先走一小步，然後再走第二步，隨著每前行一步，我們會變得更有自信，也會愈來愈開始遠離一些不良習慣牢籠。在愈無法看到這條路的全貌時，所走出的步伐就愈小步。而在一開始的幾公尺，阻礙就已經在那裡等著我們。

有一位學員史蒂芬，分享他一開始所走的步伐，得到的是完全不一樣的經驗。第一個經驗是，他有非常強烈的動機，於是一開始就走得太快，結果卻跌得鼻青臉腫。在九十天挑戰的運動部分，一開始就跑得太快的下場是脊椎受創，腳趾骨折，史蒂芬絕對不是例外。

此外在這挑戰期間，學員們會被邀請去嘗試拒絕酒精飲料。正是這一點讓他們覺得有很大壓力，而這份壓力來自社交生活。史蒂芬是義消成員，當他在宴會上拒絕喝一小杯啤酒時，旁邊的人就馬上開始批評他：「你是有病還是怎麼了？」就在他們努力嘗試走出自己的第一步時，我們的學員一再遇到自己經常被別人左右的各種情況，自己的決定受到別人的意見、世界觀，或傳統左右。

正因爲這一點，我們才從所謂最簡單的事情開始，我們從學習獨立行走或清楚說話開始，並藉此一步又一步使自己擺脫以社交之名套在我們身上的「牽狗繩」。

而且也爲了應用修道院的五個能量來源這項知識，以重新發現我們自己的身體與心靈的活力。每個人都知道，睡眠不足或身體不適時會有什麼感覺。夜間沒有休息夠，會削弱我們面對壓力的能力，增加身體或心理罹患各種疾病的風險，並因此降低我們的生活品質。在睡眠不足情況下，我會以不同眼光去看世界，而且大多不是正面的。

因此，領導員工的重要任務之一是讓員工看到，哪些行爲模式會讓他們保持能量或甚至給予他們額外能量。就像謹慎細心的態度一樣，關於能量高低，我也感到保持清醒比頭腦聰明重要。

然而員工們必須自己走這條路。讓人感到放心的是，這並不需要什麼高深哲學或學術理論當先決條件，只是遵守一些規則，就像修士們的祈禱一樣，是一種每個人都可以找到的生活節奏，一種清楚明快的生活作息結構。

以目標爲導向的規律節奏

在一天結束時，每個人要評估自己的能量水準，自己的身心健康程度是多少。「今天我過得如何？我做了哪些事？而在做這些事時，我有什麼感覺？」

讓一個人進步的，是發展出這種以目標爲導向的規律節奏。「注意你的想法，行爲和語言，因爲這會成爲你的習慣……」

在我這場冒險之旅一開始時，猶太經典《塔木德》這幾句話就像喃喃低聲頌唸的經文一樣，幫助我將自己從每日沉睡的狀況中拉出來。藉著挑戰計畫的幫助，員工們在執行這個單元的期間內一直在行動和反省模式間互相轉換，並培養出一些習慣，爲使自己能夠有效地轉變而建立起所需的先決條件。

這些習慣，讓我以不同的態度面對生活中的事物。這些習慣，也使我變得難以置信地堅強，使我不會筋疲力竭又沮喪地停在原地。在執行這項挑戰計畫時，所有學員都接到一個任務，即找出自己特有的虛詞口頭禪，即那些「含糊不清的用詞」。我們都知道，這些用詞常會造成誤解，而且之所以會如此，是因爲這些用詞不僅沒有明確傳達訊息，反而放出煙霧彈或使訊息摻水。

這使每個參與談話者，都依自己的好處或照自己認爲正確的方向去詮釋這些訊息。其中一個人認爲自己已經表達出某個訊息，而另一個人則持完全不同看法，於是就發生搞錯、詮釋錯誤，甚至意見不合而吵起來的情況。這些模糊用語使我們要表達的訊息失去明確度，使人如墮入五里霧中，於是我們就變得如同在霧中摸索一樣。

此外，這種效果不是只發生在別人身上，我的言語對自己和對別人的效果是一樣的，意思是我自己也可能因用詞而陷入不安，無論是在跟別人說話，或自言自語都一樣。

有意識地去聆聽身邊的人多麼經常使用這些虛詞口頭禪，也同樣重要。如果我注意聆聽得夠久的話，就會發生一些很棒的事：突然間，我不僅能更常聽到別人使用這些虛詞口頭禪，甚至也聽到自己在使用。在我們公司裡，我常看到員工們話說到一半時突然中斷，然後再重新開始，但不再有虛詞。

我們的身體不僅受想法和語言影響，也受所吃的東西和運動所影響。你吃什麼，你就是什麼。你的身體可以是一座眞正的發電廠，但前提是必須餵它好東西，而且不要加不適合的「重油」。

至於運動：每星期三次，每次二十分鐘。根據不同的問卷調查顯示，有七〇％人擔心自己會生病，但有更多人的行爲模式卻無法使自己免於患病。

這項挑戰計畫當然也包含默想。一開始只有七分鐘的默想，按照古倫博士的意思，這是爲自己開拓一處「聖神空間」的一種可能。「Heilig」（聖神）這個字，源自「heilen」（醫治），對我而言，神聖的時間是一段只屬於自己的時間，所有身邊的煩擾喧囂都被排除在外。

這段時間對我而言如此神聖，令我能開拓一個只有自己在裡面的空間，一個可以讓我遠離別人各種期望的空間，一個沒有罪惡感的空間，一個可以眞正做自己的空間，一個讓我感到既平安又整全的空間。

在一般的日常生活中去建立這樣的空間，無論對服務業員工或領導者而言，都是這項挑戰計畫的一個重要部分。

用單元二獲得的活力和謹慎的心，我也為接下來進行的冒險，奠定良好先決條件。

19 個人化的使命與願景

每一個轉變都需要時間，隨著單元二的挑戰喚醒自己的意識和動力，我們已經為第三個單元「個人化的使命與願景」創造很好的先決條件。擬定個人的使命與願景是一件很費勁、充滿情緒，但也使人感到非常自由的冒險，其結果是我們將重要生命問題的答案用圖畫或文字記下來。光從視覺效果上看，很像某些企業的使命宣言，因為這些圖像也可以回答有關企業認同的各種問題。

「個人化的使命與願景」的功能是給生命一個方向，讓我看到自己認為什麼是有意義的，我主張哪些價值，追求什麼目標。尤其重要的是意識到我生存的目的，描述我存在的意義。「Sinn」（意義）這個字是源自印歐語系「sent」這個字根，意思是跟著一種足跡或軌跡走。按照這層意思，馬克．吐溫曾經說過：「生命中有兩天最重要。出生那天，以及明白自己爲何來到世上那天。」

就個人的生命意義而言，意思等於我在生命中想跟著走的那條軌跡。走一條個人的路，我留下的是走過的足跡，不是塵土。回答「爲何」這個問題的答案，特別能使人在暴風雨中保持堅強，因爲這會成爲信念，爲了捍衛這個信念，我們願意依循自己的決定勇敢去走，這會讓人感到更有生命力、更自由、更健康，也能幫助自己找到內心的平靜。在內心平靜這點，它幫助我擁有一個基礎，因爲如果一個人口是心非的話，壓力會很大。

除了將價值和目標以圖畫和文字方式表達之外，還要將我所意識到的天賦和能力，也用圖畫和文字記錄。以下這些問題，可幫助我做到這點：對我而言，什麼是眞正重要的，而我如何做出相應行爲？我有哪些天賦和能力，能讓我在日常生活中活出我認爲生而爲人重要的事？我對自己的評價如何？我會怎樣描述自己？我的尊嚴是什麼？我的獨一無二之處是什麼？我的價值是什麼？什麼給予我依靠？

古倫博士的一些想法，幫我找到答案：

每個人都有某種價值，這些價值決定一個人的思考、言語、行動和態度。因爲每人都會評價自己和所遇到的人，且依據某些標準去進行評價。然而我們常常沒有意識到自己的價值。儘管如此，我們仍會評價遇到的一切。我們進到一個房間時，就會評價在裡面的人。我們貶低某些人以抬高自我價值，然而也會給予另一些人很高的評價，貶低自己。

德文裡「Wert」（價值）這個字，對我的提問是：什麼是有價值的。而這個字又與「Würde」（尊嚴）這個字息息相關。我按照某些價值生活，這些價值顯示出對我而言人的尊嚴是什麼，在我所做的行爲背後隱藏著我是什麼樣的人的圖像。英文「value」（價值）這個字源自拉丁文「valere」。「valere」意思是健康、活力，感到身心舒暢愉快，但它也有以下意思：某些東西有價值或者是值得的，是有力量有影響力的。

所以，價值就是本身有力量、且對人的健康有益的東西。如果我自己不知道對我而言什麼是有價值的，不知道自己的價值爲何，我就不能健康地生活。在使我的生命成功這方面，我的價值居功甚偉。可是，什麼樣的價值符合我的本質、我的人格特質？在日常生活中，我們一再經驗到當行爲不符合自己的態度、價值和尊嚴時，當我只是在扮演某個角色而不是自己時，會有多累。

每個人都必須思考，自己實際上擔任什麼樣的角色（領導者、同事、隊友、男／女朋友、婚姻伴侶、父親／母親），而哪些角色又只是個人想努力扮演而已。在羅伯身上，這個現象就很明顯。他是在公司人力發展部門服務的同事，他和別人都發現，他在擔任不同任務時會有非常不同的面貌。在進行比較需要保密的個人談話時，他覺得自己的整個眞實人格特質都像縮進一個蝸牛殼裡。於是，無論對自己或對別人，他都顯得強硬、疏遠、冷漠，且極度不帶感情。他也感受到，別人並不像他所願或希望的那樣理解自己。

可是當他在執行企業人才訓練的導師任務時，他的行爲舉止就變得完全不同。這時，蝸牛殼這個圖像變成一幅美好的童年記憶畫面，他站在舞台，盡展本身的幽默、同理心、歡快特質和身邊的人相處。每當羅伯帶完一次訓練課程或演講完後，我們得到的回饋都相當正面。顯然，他在執行這些任務時與內在自我接觸了，因此也使得周圍的氣氛變得更活絡。

深入思考「我爲何重視這些價值」「什麼是我的價值」「我如何按照自己的價值生

活」，以及「我有什麼天賦才能」這些問題很重要，因爲這可以幫助我們再度覺察到我們是人而不是物品、覺察到自己身爲人的本質，並以所覺察到的身分與他人相處。

清楚認識對我們而言重要的事（態度）以及我們每日如何實現這些事（行爲舉止），都是爲了在下一步去清楚認識我們的能力是什麼。但不僅要找出我們目前已經知道的能力，更要找出潛藏在身上的能力。爲此，我們將從回顧自己的生命開始。

回顧個人生命的練習

以下是回顧個人生命的練習。

請在一張A4紙畫出你的生命歷程線，然後在生命歷程線上標出一些重要事件（比如戀愛、健康狀況、教育和取得某些資格證照、成就、危機、一些歷史性事件等）。在哪些時間點，哪些個人或職業上的關鍵事件是重要的發展步驟？在你的生命歷程線上，給每一個重要事件畫上一個簡圖或符號，並標出年分。

針對每個事件，問自己以下問題：

• 我當初如何成功克服這個危機？我的哪些能力幫助我克服這個危機？我透過哪些具體行爲度過了這個危機？

• 這個成功事件帶給我哪些能力？

• 在這個事件裡，哪些具體行爲使我獲得成功？

• 在完成如今面對的任務時，哪些已知能力可以幫助我完成這些任務？

• 我重新發現自己的哪些能力？還想發展哪些能力？

在我們上一次留宿修道院期間，雅各伯斯修士所帶領的一次課程中也探討到：**爲什麼有些人會被危機擊跨，另一些人則能透過危機成長**？我們認識到，這很可能與當事人是否深入回想危機，或什麼時候去深入回想危機有關。如果在深入回想危機時提出一些有意義的問題，對於自己的進一步發展將很有幫助：我從中學到什麼？我從這個危機經驗中或犯了某些錯誤後，可能學到什麼？

我們也可將危機視爲一種阻力或逆風。有趣的是，我們的整個生命都由各種阻力構成，而我們也需要這些阻力來幫助成長，尤其在做運動時，我們都可看到這點。透過克服各種阻力（比如伏地挺身時的體重），做運動的人會變得更有力、身體更健康，但前提是這道阻力不可大到把自己壓垮，或小到根本無法感知到其存在。爲了能夠成長，我們要不斷尋求各種阻力並去克服，這是很重要的。如此一來，我們就會變得愈來愈強——不僅身體，心靈亦然。人可以因自己所犯的每個錯誤（前提是不會重覆犯這些錯誤），和所克服的每個危機而心懷感恩。因此，危機也含有某種意義，並且透過反省而能更加認識我們自身擁有的各項能力和特質。

我常常念茲在茲的一句話是：「領導就是服務。」在前兩個單元中可明顯看出，領導的其中一項服務工作是：成爲提供刺激者、鋪路者，和陪伴者，陪伴人們走在找到自己這條路上並協助他們。因爲我們最終的目標是走出框住我們的各種規範，好能再度與自己建立良好關係。而與自己建立良好關係，就是與他人發展成功關係的一項重要先決條件。因此，便衍生出領導的另一項服務任務，即想辦法在一個團體內培養每個人的尊嚴，並使個人和團體以最好的方式彼此參與對方的生命。對一個在團體裡的人而言，找到一個符合自己個人使命與願景的位置，極其重要。

總而言之，以意義和人爲導向的領導方式之首要任務是，協助員工發展眞正的人格特質，並憑著這份人格特質強化自己與他人的關係。就像上面所說，領導者的功能是成為鋪路者和陪伴者。我們的重點在於，協助員工透過清楚知道自己的貢獻，以及清楚知道自己有哪些資源可用，而找回自己的力量。

在團體裡找到自己的位置

我們的第二個任務，也是第四個課程單元的主題：「成功的人際關係」，即在一個團體裡協助人們建立成功關係，並讓每位員工知道，他在一個團體裡被需要的原因。這關乎一個人的歸屬感，即在團體裡找到自己的位置。

在德國，員工辭職第一名的原因是因為上司，也就是因為「某個人」！人們決定進入一家企業做了種種努力和決定，最後卻因為「一個人」而離開。一般而言，這個「人」就是他的上司。運作不良的關係會導致員工從企業、從工作的部門，或從真正的自己出走，甚至因此從生命出走。這些症狀顯示了，為何深入了解成功的人際關係是件有意義的事。出走的故事，就是離開的故事。逃離埃及，在今天這個時代仍然是個很好的例子。

就像以色列子民當時因遭受壓迫與不自由逃離埃及一樣，我們今天仍然在逃離，只不過每個人用自己的方式逃往各個不同方向，逃往完全不一樣的目標。無論是因爲童年或青少年時期充滿各種受傷和誤解而逃離自己，或因爲這些企業裡的某些規範讓我們想起這些受傷經驗而逃出工作的企業，或者就引申意義而言，某些企業裡的情形就像從前的埃及一樣。

即使在今日，我們都還可以看到這種情形。我常常發現，員工們因爲在上司身上看到父親或母親的影子，或因爲上司本身追求的目標或管理手段專橫而選擇出走。只不過，今天的出走行動看起來和當初以色列人逃出埃及時的行動不太一樣。今天的出走形式，是過度追求有影響力的職位和職務、富裕的生活、毒品上癮、酗酒、藥物上癮，或沉迷於網路社交平台。所以，還能救自己的人，快點救救自己吧！

當我讓員工們看到這些事情之間的關連時，許多人都感到非常驚訝。之所以感到驚訝，因爲在我們這裡所執行的以意義和人爲導向的領導原則，所提出的最根本問題是，「我如何幫助個人並讓他在團體中變得更堅強？」我問員工們：「爲什麼我們必須致力於建立成功關係？成功的關係對伴侶，家庭，或另一種形式的團體生活到底有何益處？」

這些答案表達出對安全感的深深渴望，渴望自己以人的身分被需要，渴望自己能夠繼續發展，渴望感到安全，渴望能夠存活，能夠信任，能夠與人彼此交流，有方向，彼此鼓勵，但也能互相安慰。從生理學觀點看來，許多這些渴望都導致所謂的愉悅荷爾蒙催產素（oxytocin）大量分泌。這爲副交感神經的活躍運作奠定很好的先決條件，而副交感神經是使身體能夠恢復的神經。而這又爲健康、快樂的生活，甚至可能爲長壽奠定良好先決條件，否則爲何修士們平均都比「凡夫俗子」長壽？

重點在於**團體生活**，而且是充滿成功關係的團體生活。基本上，我們也可以用同一個詞來回答這個問題：整本聖經到底在講什麼？——團體生活！從第一頁到最後一頁都在呈現各式各樣的關係：上主與人的關係，人與上主的關係，人與人之間的關係，以及人與自己的關係。

但成功關係的條件到底是什麼？我需要什麼，才能發展成功關係？這個問題也可以用幾個字來回答，確切的說，是五個字：**無條件的愛**。但許多人都覺得這個講法太抽象或太空靈，至少在我用這個詞來結束演講時，許多聽衆反應是如此。

當然，我也問了參加第四個單元的自由盟約人和其他客人，他們對成功關係的理解是什麼？他們給出的答案各不相同。他們提出這些價值，比如：謹慎、開放、寬容、同理、信任、責任、尊重、謙卑，或賞識。但他們也提出一些行動：互相交談，互相提醒，表示對對方感興趣，給予回饋，允許親近，彼此鼓勵。

但他們認爲，重要的是使一個團體有秩序的各種條件和規則。他們認爲，我們需要秩序來幫助團體找到方向。就這一點，所有人都一致同意，是秩序爲人或團體存在，而不是人或團體爲秩序存在。那些短期自由盟約人以此影射在大多數企業中仍存在的過度管控手法，這是一種官僚主義項圈，使得幾乎沒有人還能看出任何意義，也無法呼吸。對我個人而言，這種過度管控手法是一種症狀，表示人們不願或不能負起責任，因此才把責任轉變成各種執行清單、標準、規定，或證書。

此外，學員們還提到團體要有共同目標，尤其是一個團體要致力的目標，團體必須有共識。學員們需要一點時間才能辨認出，他們的想法與引領他們擬定出個人的使命與願景的那些想法，有同樣結構。

成功團體生活的一個重要源頭，是每個人爲自己所擬定的使命與願景。這不僅涉及其形式，也涉及其行動方式。我的個人使命與願景，是我對於「我是誰？我想要什麼？

我能夠做什麼?」這些問題的答案,也都是與自己建立成功關係的良好基礎。團體亦是如此,如果一個團體對自己追求的目標、價值和規則有共識,他們便建立了最佳先決條件,然後能在這樣的共識上一同成長。

讓自己的工作有意義

我們的企業文化與工作方式,眞的和許多其他企業不一樣。這種共識是怎麼形成的?由一家廣告公司擬定,或管理層、董事長,或老闆規定?當然不是,因爲這只會導致人們只做他們應該做的事。他們最多只是盡自己的義務而已,卻根本看不出自己在做的事到底有什麼意義,因此也覺得自己和這些事沒有關係,於是便導致他們產生這樣的理解:工作的唯一目的只是爲了賺錢。像「保持工作與生活平衡」這種說法,只是在表達人們感覺不到工作有意義。因爲如果我們覺得自己的職業或在這份工作裡所做的各種任務是沒有意義的話,就會覺得工作時間與自己「原本的」生活完全無關。如果我們找不到工作的意義何在,也會錯失在工作中的生活樂趣。

當時，在還沒有完全意識到這些事之間有關連的情況下，我們公司就已經在一種非常個人化的成長過程中，啓動了發展企業的使命與願景和自我認識這個進程。二〇一二到二〇一三年間，我們以課程形式提供員工們一個平台，在這個平台上他們可以擬定個人的使命與願景。雖然當時課程規模還沒像今天這麼大，但在那個時候，我們已經把重點放在幫助學員認識自己，特別是更深入認識自己身爲人的價值。在當時得出的結果中，就已經有一些個人使命與願景出現，而我們企業的使命與願景就是從這些個人使命與願景發展出來的。簡言之，我們企業的使命與願景不是表達一位老闆的既定想法，而是對於「生而爲人而言最重要的是什麼」這個問題，所共同獲得的深刻理解。所以現在回想起來，我們在二〇一五年提出「對你而言，自由盟約代表什麼？」這個問題時，許多自由盟約人所給出的答案就不那麼令人意外：家庭、自由、愛、活出生命的意義與價值。這些答案不太與保持生活與工作間的平衡有關，而是來自一種愈來愈普及和共同建立的認識。

20
每個人都值得擁有這份自由

我們的共識也爲其他文化和組織上的創新開拓發展空間，比如：不再制定預算，不使用標竿分析，不再描述職位或任務內容等。這也使我們能夠設計新的任務，如一些屬於熱忱大使的任務。在我們位於屈隆斯博恩的旅館裡，丹妮艾拉做的就是這樣的工作。這位四十七歲的女同事在大學主修心理學、運動和教育[19]，曾從事過成人教育，當過瑜珈老師，之後獲得在健康部門工作的機會。如今她全職致力於推動改善旅館裡的溝通文化

19：德國傳統大學文科要修一主修兩副修或雙主修，畢業即碩士。

和開會文化；她向同事們介紹面對衝突情況時的一些解決方法，並提供他們一些令人愉悅的方式，比如個人化的生日祝福。她也在一對一個人談話中，或對於在每日生活中如何實現自由盟約的十二項價值提供各種建議。

每一位領導者，甚至每一位員工，都可以針對我們共同發展出來的認識，問自己這個問題：我們願意爲企業或社會的發展，做出什麼貢獻？跟「因爲有我，別人可以得到什麼？」這個想法相比，這問題比較不那麼抽象。每一個團隊可以針對這個問題提出自己的答案，並接著從「應該」轉變成「願意」。當企業裡的員工不是做自己應該做的事，而是做自己願意做的事時，這將是使企業成功的一個根本重要因素。我們的員工愈來愈意識到，他們的行爲會對別人有很大影響，他們所做的事有著更大意義，而不只是去上班而已。尤其是那些代表公司去演講和在自由盟約大家庭之外工作的員工們，得以從許多回饋中發現，他們所投入的事也對社會有意義。

而這些年來，我們的焦點也同樣已經有些改變。直到幾年前，我們的焦點仍大多放在爲什麼有些做法行不通，爲什麼有些事情會出錯上面。但最近，我們的方向大多轉向提出以「目的」和「解決方法」爲導向的問題，即所謂「賦予人力量」的問題：我們能做些什麼，好讓我們在未來能更加創新？如何提升合作品質和強度？我們一直往提問這個方向發展。而我們愈來愈常提出的問題是：「我們如何才能在一個團隊內發展出一種意識，使所有人覺得我們必須不斷更新，好讓沒有人會對現狀自得意滿？」我們並不是在提倡追求沒有節制的做法，而是追求古倫博士所說過的：「追求一種不是因爲感到不安才要求的更新。」我們的興致，必須引領我們去發現新的事物。我們需要時時保持一顆好奇心，就像小孩一樣。如此一來，「領導」這項服務工作，最後將是透過發展想法和傳達想法進行。

在一些其他公司裡（其實我們公司裡的一些部門也還是如此），所提出的問題看起來有點不一樣：「爲什麼我們不能好好互相合作？」「爲什麼所有營運數字都這麼糟？」這導致的結果，與鼓勵、發展或創新不太有關，反而比較和挫折有關。而被困在互相指責和高度負面情緒這件緊身衣裡，不可能出現什麼睿智的結論。在這種情況下，我們只是一直在和行不通的事打交道。因爲各種營運數字不像我們所計畫的那樣，於是做法就是去寫一份又一份三頁長的報告。就這樣，之後也沒有其他事會發生。由此可見，身爲一個領導者，僅僅是透過提問題的方式，公司是否能夠發展或產生挫折，都掌握在我手裡。而不斷進步，是未來能否存活下去的基礎。

一九六六年，英國足球隊贏得世界盃冠軍（打敗德國）。當時帶領英國國家隊贏得比賽的教練阿爾夫・拉姆西（Alf Ramsey），說出這句名言：「永遠都不要改變一支贏球的隊伍。」然而，自此以後英國再也沒有在世足決賽中贏過球。儘管是這個想法所堅守的因素導致成功，只是這在過去還行得通，在一個條件和環境迅速變動的時代裡，這個想法卻顯得毫無價值。過去曾經導致成功的觀念和外在因素，其半衰期已降至最短。過去曾經引領我們達到成功的因素，今天或明天已無法再引領我們成功。所以，最重要的不是只吸收過去成功經驗，還得想辦法獲得新的經驗。

只是爲了爭取自由

我仍然清楚記得，小時候和好友瑞特一起玩耍的經驗。我們用舊床單剪成白色披風，然後給披風畫上紅色十字架，又用零用錢向皮貨商買了一些零碎皮革來縫裝箭的箭袋。我們的弓是用牧場圍欄的舊木條綁的，箭則是用原本用來支撐剛長出來的蕃茄樹的小木條做成。然後又用沒有人要的木板鋸出盾牌和木劍，於是我們就這樣走上未知的冒險之旅。當時對我和瑞特而言，我們追求的就是自由，就像在幼稚園時一樣，因爲我總是從幼稚園偷溜出去。在我們小時候裝扮成騎士的那些日子裡，沒有哪一天不是對抗著某種監禁狀態而戰鬥，我們只是爲了爭取自由。

當我回憶童年並和我現在所投入的事比較時，我覺得自己又和許多自由盟約人一起走上這趟冒險之旅。但情況並非一直都是如此。在回顧與反省自己的生命史、童年，尤其是被綁架的那段經歷，在經歷過各種獨一無二的發展歷程，經歷過與盧安達的孩子們相遇之後，我才逐漸意識到，生而爲人，我爲「自由」這份價值活著。於是，我繼續走上小時候就開始走的這條路。在今天，我每天所做的事，都在協助人們去開拓一份自由，幫助他們能活出生而爲人認爲重要的事。在與人相遇時，我感到自己心中有著這份渴望，渴望協助每一個人找到自己，協助他們找到我已經找到的目的，即體認到我每天活著的目的是什麼。

我不想只有自己一人獲得活得自由的領悟，而是想與我的家人以及愈來愈多自由盟約人分享。我認爲，完成一個有意義的任務，比一直追求金錢、享樂或權力，基本上更能使人感到滿足。我們的公司成員皆因這份認知變得更加成熟，也讓我們能為在一九七六年創業的家族企業找到一個新方向，也使我們可以更加自信地繼續走這條七年前開始的「自由盟約之路」。我們的公司理念源自這樣的想法：我們要還給世界和人們一些我們從世界和人們得到的東西。

公司正處於一個轉變過程，雖然以前的經營方針是獲利導向，但這些年來已不再以獲利為主要經營重點，我們甚至將一部分企業資產挪來成立一個公益基金會。我們得到的體會是，如果我們為別人付出，我們的行動就變得有意義許多。我們不問「因為有別人，我可以得到什麼？」，而是問：「因為有我，別人可以得到什麼？」就我個人而言，答案是：自由。

21

爲了能夠聰明領導自己

爲了針對這本我們共同撰寫的書進行最後討論，古倫博士和我在明斯特史瓦扎赫修道院再次碰面。我們打算再一起提煉出一些問題，好讓試圖帶給自己和公司一些改變的人，能夠在這條轉變之路上使用。

爲了針對這本書進行最後一次討論，我們在修道院的一間談話室碰面。我們在桌前坐下，點燃一根蠟燭。古倫博士開始說，雖然他從來沒有在任何一間自由盟約連鎖旅館裡留宿過，但他覺得來到修道院的員工都散發一種自信氣質。他們似乎都有著熱忱待客的服務精神，也就是說他們不僅照顧在旅館的人，也努力去聆聽有什麼樣的客人來到，這些客人以生而爲人的身分帶來了什麼。他們所注重的不只是照顧和服務，還注重「與人相遇」這件事。這家企業的所有員工都能展現出藏於自身的潛能，此外在面對上司時，他們也不會努力扮演某種角色。根據古倫博士的觀點，一家企業最根本的事是：員工和領導者皆不嘗試扮演某種角色，而是全心做自己。

如果一家企業想要認清最根本的事是什麼，一位企業家或老闆該問自己三個問題，並做出回答：

- 你想藉著企業／公司帶給他人什麼？
- 你以及你的公司有讓人對美好生活抱持希望嗎？
- 在你的企業／公司裡的人，覺得自己有被理解嗎？

愈光亮的地方，陰影就愈大

當徹底釐清這件根本的事之後，就可能發生一些重要的變化：沒有任何一位員工覺得自己被公司綁住，尤其當情況對他而言不好時。公司裡會發展出有創意的想法，而且這些想法不是來自領導者，而是由所有人共同發展出來。領導者眼中不是只有賺錢，還能看見各種營運數字以外的事，並去做古倫博士稱為「讓人抬頭挺胸」的事。這時，一家企業的強處和黑暗面，都會被清楚展示出來。

許多企業家都希望自家公司是特別的，甚至修道院亦如此，比如修道院希望在修道訓練方面特別嚴格或特別虔誠。古倫博士說，有一所修道院的女院長宣布，她的修道院將是個「充滿愛的大家庭」。但隨後修道院的一位同事卻說：「自從我們修道院成為院長所說的『愛的大家庭』後，這裡反而變得愈來愈冷酷。」那些要求高標準的企業和組織，都傾向於設定過高的使命。有句話說：「愈光亮的地方，背後的陰影就愈大。」只想展現自己最好一面的人，時時都會感到緊張不安，長期下來這實在太累人。人都有短處，在進行任何改變時，我們都不可忽略這點。

關於我這位企業家，古倫博士說：「我們第一次碰面時，你滿腦子還裝載著各種思慮。你當時有很大的成就壓力，野心也很大，想實現自己的使命與願景。但最近你已經開始有興致去形塑一些事，並和公司裡的人建立關係。」

我之所以有這麼大的轉變，是因為另外三個問題，幫我認清自己的真實狀況：

・我能忍受寂靜嗎？因爲只有在寂靜中，我們的眞實面貌才會浮現。耶穌說，只有眞理才能使人自由。而這意思就是，要從各個方面去觀看所有事。

・我是否清楚知道自己想要的是什麼？

・我可以向他人呈現自己的眞實嗎？還是只能呈現那些美好的面向？我必須扮演一些角色，並將眞實的自己藏起來嗎？

能夠問自己這些問題的人，就不會再去找代罪羔羊，然後把所有問題都推到代罪羔羊身上，以轉移對自己的注意力。這些問題，可幫助我們對那些傷害自己的人發出內心的「禁止進入」命令（就是擺脫那些傷害行爲的影響）；這些問題也幫助我們不要總是想證明自己。沒有人能完全擺脫自我中心，可是這必須是能被覺察、被控制的，我們絕不可以掉入陷阱裡。如果我們感到緊張，通常都是自我中心作祟，慫恿我們用那膚淺和幼稚的意志去達到某些目的。如果我們的自我是可以被察覺到的，那也就可能被掌握住，而不是任由我們被它掌控。

爲了能夠聰明地領導自己，還有最後三個問題：

・你認識自己嗎？你有勇氣認識自己嗎？

・你心裡對同事／員工有什麼感覺？和他們相處時，你心裡浮現什麼樣的情緒？這在你心中揭露了什麼樣的訊息？

・你願意在領導時一再反省自己，並接受他人的陪伴嗎？

當我與神父互相告別時，院子裡的蒼頭燕雀已不再鳴唱，蠟燭也吹熄了。

焦點系列 016

帶心

黑色職場蛻變成夢幻企業，席捲德國企管界的無聲革命

Stark in stürmischen Zeiten : Die Kunst, sich selbst und andere zu führen

---

作　　者 博多．楊森（Bodo Janssen）、古倫博士（Dr. Anselm Grün）
譯　　者 鄭玉英
資深主編 許訓彰
副總編輯 鍾宜君
校　　對 吳信如、李　韻、許訓彰
審　　譯 吳信如
行銷經理 胡弘一
行銷主任 彭澤葳
封面設計 兒日設計
內文排版 潘大智

出 版 者 今周刊出版社股份有限公司
發 行 人 梁永煌
社　　長 謝春滿
副總經理 吳幸芳
副 總 監 陳姵蒨

地　　址 104408 台北市中山區南京東路一段 96 號 8 樓
電　　話 886-2-2581-6196
傳　　真 886-2-2531-6438
讀者專線 886-2-2581-6196 轉 1
劃撥帳號 19865054
戶　　名 今周刊出版社股份有限公司
網　　址 http://www.businesstoday.com.tw

總 經 銷 大和書報股份有限公司
製版印刷 緯峰印刷股份有限公司
初版一刷 2021 年 6 月
初版五刷 2023 年 4 月
定　　價 399 元

國家圖書館出版品預行編目 (CIP) 資料

帶心 : 黑色職場蛻變成夢幻企業 , 席捲德國企管界的無聲革命 / 博多 . 楊森 (Bodo Janssen), 古倫 (Anselm Grün) 作 . -- 初版 . -- 臺北市 : 今周刊出版社股份有限公司 , 2021.06
面 ;　公分 . -- (焦點系列 ; 16)
譯自 : Stark in stürmischen Zeiten : Die Kunst, sich selbst und andere zu führen.
ISBN 978-957-9054-81-2(平裝)

1. 企業領導 2. 領導者 3. 企業再造

494.2　　110001816